姚诗煌 编著

科学中的艺术美
螺旋美的启示

MINGJIA KEXUEYAN

上海科学普及出版社

图书在版编目（CIP）数据

科学中的艺术美：螺旋美的启示 / 姚诗煌编著 . — 上海：上海科学普及出版社，2015.7

（名家科学眼）

ISBN 978-7-5427-6246-7

Ⅰ . ①科… Ⅱ . ①姚… Ⅲ . ①科学学 Ⅳ . ①G301

中国版本图书馆CIP数据核字（2015）第096559号

策　　划　　胡名正
责任编辑　　刘湘雯

名家科学眼

科学中的艺术美

——螺旋美的启示

姚诗煌　编著

上海科学普及出版社出版发行

（上海中山北路832号　邮政编码 200070）

http://www.pspsh.com

各地新华书店经销　　北京市艺辉印刷有限公司印刷

开本 787mm×1092mm　1/16　印张 8　字数 160 000

2015年7月第1版　2018年5月第2次印刷

ISBN 978-7-5427-6246-7　　　　　　　　定价：29.80元

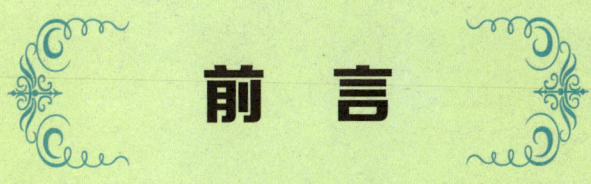

前言

作为一名科技记者,我长年游历于科学世界,采访过许多著名科学家,也浏览了不少关于科学史的书籍和科学家传记。尽管对于我们许多人来说,科学显得过于枯燥、深奥,但随着对科学界熟悉程度的增加,我越来越感受到科学的吸引力,体验到在艰涩的外表下,科学所蕴含的无穷魅力和生动、丰富的内容。渐渐地,我发现科学和艺术一样,都闪烁着美的光泽。科学与艺术,同是人类智慧世界中两座流光溢彩的殿堂。科学家的研究成果和艺术家的作品,都是人类智慧的结晶,同样光华闪射。于是,我对探究科学中的美,产生了浓厚的兴趣。可以说,能吸引我30余年致力于科学报道、科普编辑,在很大程度上就是科学世界本身的魅力,以及作为记者能近距离欣赏到科学世界之美的职业诱惑力。

追溯人类文化历史的长河,科学和艺术有着密切的溯源关系。在近代史上,出现过许多在科学和艺术两个领域都放射出灿烂光芒的人物。现代科学的发展,更需要科学和艺术的联盟。我接触过的许多科学家,很多人就具有相当的艺术造诣,善于吟诗作画、抚琴奏乐。他们认为,艺术的熏陶对于从事自然科学工作的人来说,有着十分有益的作用。

中国是一个古老的文明之国,有着灿烂的文化艺术传统。今天,我们在学习、吸收最新科学技术的同时,如何将其与东方文化有机地结合起来,对于发展科学、促进创新,有着重要的价值。对于我们广大青少年来说,能从学习科学的一般知识中,深入了解到科学之美,这对于增进科学智慧、提高科学素养,更有着积极的意义。愿这本书,能铺石引路,帮助读者深入科学殿堂,欣赏到其奇异、瑰丽之美的熠熠光彩。

本书的大部分插图由作者吴坚、杨万里、忻子斌提供,特此致谢。

目　录

第一章 科学是美丽的
科学中的美 / 2
美哉！大自然 / 10
自然界的有序美 / 19
哪里有数，哪里就有美 / 24
螺旋美的启示 / 31
彩色的夸克王国 / 36

第二章 人类智慧的并蒂莲
科学和艺术是相通的 / 44
科学家的艺术素质 / 49
音乐和科学思维 / 53
诗与科学 / 59
艺术美与科学美 / 64
想象力和人脑潜力 / 70
古老的思想瑰宝 / 76

第三章 科学的艺术家
科学的艺术家——爱因斯坦 / 82
诗国的科学天才——歌德 / 88

个性、风格、学派 / 93

毕生追求数学美 / 99

第四章 从科学美到技术美

简单、和谐、对称 / 104

科学的直觉和灵感 / 108

创造是美的产物 / 113

按照美的规律生产 / 118

第一章 科学是美丽的

科学中的美

科学也是美的。出色的科学理论和艺术一样，往往也具有审美的价值；对美的追求，同样体现在科学研究的创造活动之中。科学美是一种理性的美、智慧的美、内涵的美。

提高公众的科学素质，不仅在于对科学知识的掌握，更在于培养一种能够欣赏科学美的情趣，获得真、善、美的陶冶，从而能从科学的进步中，吸吮到思想、精神的丰富养料。

每届上海科技周，都有一项重要的活动——举办上海国际科学与艺术展。承蒙主办单位的信任，笔者同时被列入了组委会和评委会的名单。其实，作为一名新闻记者，笔者对于科学和艺术都是外行；当然，笔者也一直将科学家和艺术家视为自己最崇敬的对象。在笔者的心目中，科学与艺术是人类智慧世界中两座最为流光溢彩的殿堂。许多人工作中虽然也会有很多优秀的、出色的成果，但往往比不过科学家和艺术家的智慧结晶，科学和艺术的成果是如此光彩夺目，艳丽照人。多年来，笔者一直以能倘佯于科学领域为人生之幸，尽管这一世界对常人来说，有着一道道艰深的专业鸿沟，但能吸引笔者30余年致力于科学报道、科普编辑，在很大程度上就是科学世界本身的魅力。记者的职业，使笔者能近距离欣赏科学世界之美。

我们知道，一切艺术形式，包括音乐、绘画、雕刻、文学、戏剧、电影、舞蹈，等等，都离不开美。李白的千古绝句："日照香炉生紫烟，遥看瀑布挂前川。飞流直下三千尺，疑是银河落

上海国际科学与艺术展

九天。"使人读了如临其境,沉醉于大自然的美景之中;达·芬奇笔下的蒙娜丽莎,那谜一般的神秘微笑,使人浮想联翩,哪双明眉妙目意深如海,韵味无穷;罗丹的雕塑作品,不仅人物栩栩如生,而且人物内心的情感世界、精神生命都活灵活现地展现在你的面前。文学艺术的美,能使人获得思想的熏陶、情趣的感染、智慧的启迪和热情的激发。离开了美,艺术之花将黯然失色,褪去诱人的光彩。所以英国18世纪的艺术家越诺尔兹认为:"我们所从事的艺术以美为目标,我们的任务就在发现并且表现这种美。"

罗丹的雕塑《丑之美》

由于科学和艺术有着不同的规律和特点,因此,长期以来人们常谈论着科学的严谨、抽象和纯理性,却忽视了科学与艺术之间的某些姻缘与联系。实际上,科学中也有着美学的因素。一项出色的科学理论和艺术一样,往往也具有审美的价值。对美的追求,同样体现在科学技术的创造活动之中。

当古代科学与哲学还没有分开时,一些杰出的科学家,如毕达哥拉斯、德谟克利特、亚里士多德等,他们既是哲学家,同时也是科学家、美学家。他们对科学的认识,往往基于对宇宙和世界的一种美的探索。什么是美,最早就是他们提出来的。例如,在世界上第一个证明直角三角形斜边的平方等于两直角边平方的和(即毕达哥拉斯定理)的大数学家毕达哥拉

达·芬奇的名画《蒙娜丽莎》

斯认为,"美是和谐与比例"、"整个天体就是一种和谐和一种数"。他认为数的和谐与宇宙的美是相联系的。毕达哥拉斯学派曾证明,当三条弦发出美妙的谐音时,它们的长度之比应是6:4:3,并曾试图依据这个比例数的体系来建立关于宇宙的理论。他们还认为,各行星与地球的距离,一定适合于音乐的进行,从而能奏出"天体的音乐"。

当然,在古希腊时期,人们的科学观还是原始的、朴素的,往往留下自然美、

毕达哥拉斯

质朴美的印迹。那么，当科学度过了中世纪的漫长黑夜，以革命的姿态走上新的发展道路时，是否还需要美学这一古老的"盟友"？回答是肯定的。这里最有说服力的例子便是近代科学的兴起，与文艺复兴处于同一时期，并出现了像达·芬奇、丢勒这样在艺术与科学领域同时放射光芒的巨人。还有一件事也很说明问题，就是近代科学的先驱——哥白尼，促使他提出革命性的"日心说"的一部分原因是由于他从美学的角度重新考虑了宇宙的结构，从而发现了当时占统治地位的"地心说"不能解释宇宙体系存在的这种和谐美。哥白尼曾这样描写他对宇宙理论的探索：

在这极美丽的庙堂中，谁能把这个火炬放在更好的地位，使它的光明同时照到整个宇宙呢？有人把太阳叫做宇宙的灯，有人叫做宇宙的心，更有人叫做宇宙的统治者。太阳就坐在宇宙的宝座上，管理着周围的恒星家族。在这样有秩序的安排下，我们就发现宇宙中有一种奇妙的对称，轨道的大小与运动都有一定的和谐关系。

亚里士多德

笔者之所以回忆这段科学史，是因为历史是一种沉淀和结晶，往往更有说服力。当然，哥白尼学说的建立，最终还要依靠大量的天文观测资料和严格、细致的数学运算。正是从哥白尼开始，自然科学迈开了大步，并在以后形成了注重于观测实验和定量分析等特点。但这丝毫不意味着，近代科学不需要美学的帮助。相反，科学美更是以新的形式，体现在科学创造的活动和科学理论的建立之中。譬如，一种科学理论，如何能以最简洁的形式，完美地总结出自然界的某些规律，使人见之茅塞顿开，眼前豁然开朗，进而思之又觉联想翩翩，回味无穷，甚至要拍案叫绝？据笔者所知，许多著名的科学理论，都具有这种美

德谟克利特

的魅力。例如,牛顿仅用三大定律,就概括了宇宙间一切物体的机械运动规律,被公认为是对自然图景的最美描述。牛顿自己曾说过,他在没有用数学证明这些定律之前,从来没有料到会有这样美妙的结果,但一经得出这个精妙绝伦的证明,宇宙系统这幅最美丽的结构的图案,就如此清楚地展示在我们面前。

哥白尼

在现代自然科学理论的宝库中,有许多闪现着美之光泽的"珍宝"。麦克斯韦方程将法拉第电磁感应定律、安培定律、欧姆定律等分散的和孤立的电磁学定律统一成一个整体,化成优美的数学形式,并出色地预言了电磁波的存在,被誉为"神仙写出的公式";卢瑟福—玻尔的原子结构模型,曾被爱因斯坦视为一种奇迹,称它为"思想领域最高的音乐神韵";而爱因斯坦自己建立的广义相对论,更被认为是"一切现有物理理论中最美的一个","一个被人远远观赏的艺术品"。

以抽象的逻辑思维为特征的自然科学,之所以能包含着美学的因素,是因为科学定理、理论、学说,都是自然规律的反映和概括,而自然界是充满了美的。从浩瀚的宇宙天体到精微的基本粒子,从生物的进化到生命的奥秘,自然界万物运行有序、和谐统一,构成一幅幅美妙的自然图景。科学美和艺术美一样,也是自然美的一种反映。但艺术美是对自然美在感性上的把握和表现,而科学美则是自然美在理念上的观照。因此,科学美更是一种理性的美、智慧的美、内涵的美。

牛顿

20世纪80年代初,笔者有幸参与了世界上首次人工全合成酵母丙氨酸脱氧核糖核酸大分子的报道。这是中国科学家继人工合成牛胰岛素分子后,在生命科学领域的又一项重大成果。正当笔者在为如何把这一深奥难懂的分子生物学概念,形象、具体地介绍给普通读者而感到为难时,一位科学家在会上不经意地冒出的一句话引起了笔者极大的兴趣。他说,这一脱氧核糖核酸的分子,活像有三片叶子的"三叶草"。顿时,笔者被这个形象的比喻所吸

自然界的三叶草

引了。三叶草，不仅形象而富有诗意，而且体现了生命的活力，这不正是这项研究的魅力所在吗？一批科学家，历经数年，在实验室里夜以继日地与各种试剂、瓶罐打交道，培育的不就是这样一株具有生命的人工"三叶草"吗？于是，一篇通讯的题目立即闪现在笔者的脑海中："三叶草"的诗篇。

确实，无论是在分子生物学领域，还是在基本粒子物理学领域，我们都可以从那些数学方程式和专业术语中找到其寓含的某种特殊美。这种美既是形象的，更是超越感觉的，是一种理智层面的美。这种理智的美，在古代就已被美学家所认识。德谟克利特曾说过："身体的美，若不与聪明才智相结合，是某种动物性的东西。"在古希腊，对智慧美的追求形成了一种社会风尚，难怪古希腊智者、圣者迭出，在人类文化史上留下了光彩夺目的一页。到17世纪时，英国的美学家弗兰西斯·哈奇逊在《论理论的美》中更是明确地提到，除了形象的美之外，还有思想、理论上的美。

理智的美反映在能从纷繁复杂的事物中找到规律性的东西。当我们从浩繁的自然现象中理出头绪，找到其内在的规律时，就会体验到理智的愉悦和满足，获得美的快感。当阿基米德在浴缸中发现浮力的定律时，高兴得赤裸着身体就跑到街上；当琴纳发现牛痘接种法可以预防天花时，无比兴奋。他们都"感到一种巨大的快乐，以至沉醉于某种梦幻之中"，这就是因发现自然规律而体验到的快感。所以巴斯德这样说："当你终于确实明白了某件事物时，你所感到的快乐是人类所能感到的一种最大的快乐。"

理智的美，还在于它的含蓄，深刻，发人深思，使人神往。古人做诗，贵于意在言外，要使人读而有所悟，故有"言有尽而意无穷"之说。科学上的理论，也有着类似之处，它可以从一个理论导出大量的推论，引起思维的激发、共振。一项重要的科学理论，可以跨出本专业的领域，给其他专业和学科带来巨大的影响。所以，科学的美，往往表现为思想的深刻性和内涵的丰富多彩，所谓"义深意远"、"新奇迭出"。

当然，科学和艺术毕竟有着不同的特点。在艺术中，美本身就是创作、追求的目标；而在科学领域，它只是一种思考和评判的工具，一种思维和探索的方法。

检验、衡量一种科学理论是否正确,主要是理论的评判,以及实践的证明。美学的价值,是在当理论的评判发生迟疑或难点时,帮助释疑的一种思想指南。但是,美学既然能成为科学发现的一种工具,我们理应去研究它、利用它。更何况,发掘出科学中美的魅力,对于激发我们的科学兴趣,培养科学鉴赏能力,是大有裨益的。

阿基米德发现浮力定律

笔者一直认为,要激发人们对于科学的兴趣,一定要发掘出科学中最具美感的东西,将其介绍给广大读者,尤其是青少年,激发他们对于科学的兴趣,促使他们热爱科学、追求科学。这是科普工作者最为重要的任务。所以,我们的科普工作,不能仅仅停留于知识的介绍,更要注重于涉及科学内涵层面的阐释,这其中就包括科学中的美。科学美的普及,是一种高层次的科普,是真正意义上的高级科普。现在,人们常以内容和知识的深浅来区分高级科普和低级科普,这并不正确。科普,

琴纳为儿童接种牛痘疫苗

必须做到深入浅出、通俗易懂，这是科普最起码的要求。现在，许多所谓的高级科普，深奥难懂，其实是一种不合格的科普。科普的高级和低级，应该体现在对科学内涵的挖掘和表达形式的艺术水平上。从这一意义上说，笔者非常赞赏上海举办的科学与艺术展，这就是真正的高级科普。正如展会所提出的：通过科学与艺术的融合，提倡真、善、美的统一，丰富科学家和艺术家的想象力，提高广大公众的科学素质。科学的素质，不仅在于对科学知识的掌握，所谓的"应知应会"；更在于培养一种能够欣赏科学美的情趣，获得理性美、智慧美的熏陶，从而能从科学的进步和发展中汲取思想、精神的营养。

小资料

列昂纳多·达·芬奇（1452—1519年），意大利文艺复兴三杰之一，也是整个欧洲文艺复兴时期最完美的代表，一位无与伦比的天才艺术家，被誉为"巨人中的巨人"。他是一位思想深邃、学识渊博、多才多艺的画家、数学家、天文学家、预言家、发明家、医学家、生物学家、建筑工程师、水利学家、土木工程学家和军事工程师。他深入研究了光学、数学、地质学、生物学等多种自然科学的学科。他的艺术实践和科学探索精神对后代产生了重大而深远的影响。

达·芬奇

罗丹，19世纪法国最有影响的雕塑家，是西方雕塑史上一位划时代的人物。欧洲2000多年来传统雕塑艺术的集大成者、20世纪新雕塑艺术的创造者。作品有《思想者》、《青铜时代》、《地狱之门》等。

尼古拉·哥白尼（1473—1543年），15—16世纪波兰天文学家、数学家。40岁时，哥白尼提出了日心说，并经过长年的观察和计算完成他的伟大著作《天体运行论》，但直到他临近古稀之年才终于决

罗丹

哥白尼

定将它出版。哥白尼的"日心说"沉重地打击了教会的宇宙观,是唯物主义和唯心主义斗争的伟大胜利。哥白尼是欧洲文艺复兴时期的一位巨人。他用毕生的精力研究天文学,为后世留下了宝贵的遗产。

阿尔布雷特·丢勒(1471—1528年),生于纽伦堡,德国画家、版画家及木版画设计家。主要作品有《启示录》、《基督大难》、《小受难》、《男人浴室》、《海怪》、《浪荡子》、《伟大的命运》、《亚当与夏娃》、《骑士、死亡与恶魔》等。同达·芬奇一样,丢勒也具有科学的头脑,曾深入研究数学和透视学,并写下了大量笔记和论著,在透视法和人体解剖学方面,他创作了许多反映社会现实的绘画作品。他同时还研究建筑学,创建了一种建筑学体系。

阿尔布雷特·丢勒自画像

阿基米德(前287年至前212年),伟大的古希腊哲学家、数学家、物理学家、力学家,静态力学和流体静力学的奠基人。出生于西西里岛的一个贵族家庭。他从小就善于思考,喜欢辩论。早年游历过古埃及,曾在亚历山大里亚学习。据说他就在亚历山大里亚时期发明了阿基米德式螺旋抽水机。后来阿基米德成为兼数学家与力学家的伟大学者,并且享有"力学之父"的美称。

阿基米德

拓展思考题

1. 科学与艺术之间有着天然的姻缘与联系,能否从你对科学和艺术的了解中举例说明这两者之间的某种联系。

2. 为什么我们学习科学不能仅停留于知识层面,而是要了解科学的思想和方法?懂得科学的美,对于我们掌握科学的精髓,有着什么样的意义?

美哉！大自然

大自然把我们的视野引入了宇宙，使我们得以观赏宇宙的壮观，让我们心灵深处升腾起一种崇高和伟大的爱。热爱大自然之美、探索大自然之真，是科学探索的强大动力。正如爱因斯坦所说："照亮我的道路，并且不断地给我新的勇气去愉快地正视生活的理想，是善、美和真。"

"看尽江湖千万峰，极目岗峦万里川。"我们周围的自然界是一幅绚丽多彩、宏伟壮观的画卷，它无边无际、气象万千。人类世世代代繁衍、生活在这壮丽画卷的一角。自古以来，人们就一直在探索着、认识着大自然，并为自然美而赞叹不已。16世纪意大利美学家塔索就说："美是自然的一种作品。"把握大自然这幅壮美画面，对于我们认识自然具有重要的意义。

天外有天，微中见微

广阔浩淼的自然界中，给人以最深印象的是那晴朗的天空、深邃的星际。从古至今，诗人用许许多多美好的语言来形容天宇的博大宽广："廓荡荡其无涯兮，

太阳系

乃今穷乎天外"（张衡《思玄赋》），在人类对宇宙结构尚未科学的认识之前，就有过许多这样天才的描绘。16世纪，哥白尼提出了日心说，认识到地球是一颗环绕着太阳旋转的行星，使这幅扑朔迷离的宇宙图景，第一次有了科学的解释。

太阳系还只是宇宙的一小部分。正如18世纪德国科学诗人冯·哈勃所描写的：
无限无穷！谁能把你权衡？
在你面前，世界好比一天，人类犹如瞬间，也许第一千个太阳正在转动，还有几千个太阳正在后面。

银河系

确实，在太阳系以外，还有许许多多像太阳一样发光的星体，在它们的周围也有行星环绕着运转，这就是恒星。太阳也是一颗恒星，且只是颗中等恒星，还有比太阳质量更大、温度更高的恒星。离地球最近的恒星距离地球也有4.3光年，如我们熟知的织女星，离地球有27光年，因此它的光度虽然是太阳的48倍，但从地球上看去只是颗普通的星星，亮度仅及太阳的1/500亿。

恒星在天穹中聚集成一个白茫茫的环形光带，称为银河。"天河夜转漂回星，银浦流云学水声。"其实，银河并不是天河，而是巨大的恒星体系，拥有大约1500亿颗恒星和大量的星云。由于银河系在旋转运动中形成中间厚、四周薄的"铁饼"形，故我们从银河系内的地球上向四周看去，呈现一条环形的星光带。

尽管太阳系只是银河系中的沧海一粟，但在宇宙之中，银河系本身仍只能算是一颗"沙粒"。在银河系之外，还存在着无数的恒星体系，被称为河外星系。迄今人们所知道的河外星系已有10亿个以上，而估计河外星系的总数在千亿个以上。银河

总星系

12　科学中的艺术美——螺旋美的启示

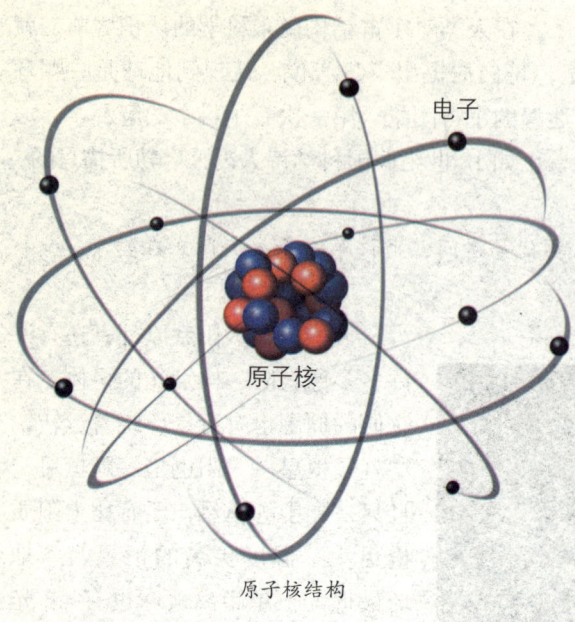

原子核结构

系和所有已经发现的河外星系，全称总星系。

总星系可谓大矣！现代大型射电望远镜已可以接收到 100 亿光年以外星系发来的信息。最近，科学家发现了 200 亿光年远的类星体，这是迄今发现的最遥远的天体。但宇宙的范围还不止这么大。这个新发现的类星体，就正以光速朝着离地球的方向离去。可见，我们是处在一个无限的宇宙世界之中。

自然界的结构从大的方面看，是一幅无限宽广的图景，令人"俯仰自得，游心太玄"。而从小的方面比较一下微观世界的结构，又是一幅奇妙的图景。

现代科学证明，各种物质都是由分子构成的。分子十分微小，但具有复杂的结构，其组成单位是原子。原子的线度大约是 1 埃，也就是说，把 1 亿个原子排列起来，其长度才只有 1 厘米。那么，原子是否还有更精细的结构呢？有。原子的结构就像一个小的太阳系，中间是"太阳"——原子核，周围则有许多"行星"——电子环绕着旋转。原子核的质量是整个原子质量的 95% 以上，但它的大小只有原子的 1/10 万到 1/1 万。这使人们不免要追究，这样高质量的原子核是否还有内部结构？现代物理实验证明，原子核又是由质子和中子组成。质子、中子和电子都属于基本粒子。到目前为止发现的基本粒子已达到 300 种左右，它们性质各异，寿命不一，又能互相转化，遵循着特有的运动、转化规律。高能物理学的实验和理论表明，基本粒子也有内部结构，它们是由一种称为"夸克"的微观粒子所组成。夸克模型揭示了原子状态的又一幅自然图景。

原子核由质子和中子组成

分有层次，层层相依

自然界在总体上是无限的、同一的，而在不同的层次，又呈现出不同的特性。"折高折远自有妙理"，使自然界的物质图像表现得丰富多彩。

目前，我们对自然界的认识，范围从10厘米的负16次方到28次方，横跨了44个数量级。在不同的层次，物质的形态千差万别、形形色色。在宏观世界，有巨大的总星系、银河系、太阳系，在太阳系中又包括很多小星球，地球就是其中的一个，在地球上又有山川湖海，芸芸众生的生物世界；在微观世界，有细胞、分子、原子……不同的层次，构成自然界的一幅幅画面，综合起来，才形成自然界这本总画册。

不同层次的物质运动，又有不同的规律性。日、月、星和星系这些层次的天体运动，可以用天体物理学的规律来描述；而在生物世界，需要有关于生命运动规律的描述，如达尔文的进化论，就是反映生物进化运动规律的。在人类世界则有思维运动的规律，可以用逻辑学、心理学理论来反映这一层次的运动规律。到了分子层次，则有分子的热运动，可以用热力学定律来描述；在原子层次，又有化学定律来描述原子运动的规律；到电子层次，又有电学；基本粒子层次，有基本粒子物理学……总之，各种科学，就是以研究自然界不同层次的运动规律区分的，而这些不同的运动形式之间又相互联系和相互转化着。例如，在生命诞生的过程中，就交织着各种形式的运动。由于原始地球上紫外线、宇宙射线的长驱直入，以及火山喷发、电击雷鸣等条件，才使无机分子转化为有机分子，从而诞生地球上的最早生命，产生生命的运动。而在生命的运动中，又包含着化学运动、物理运动等低一级的运动形式。研究这些不同层次运动形式的相互联系，便产生了各类"边缘学科"、"交叉学科"。

认识自然界这幅立体图画，对于我们掌握科学发展的规律，预见一些新兴学科的产生，有着重要的意义。

运动不休，变化无穷

运动和变化是自然图景的又一重要特征。览天下之广，有何物能不运不动？那巍峨高山，可谓"岿然不动"了，但"山冢崒崩"、"高岸为谷，深谷为陵"的现象，仍在经常发生。望天上恒星，似乎长年累月地挂在天际的某一位置，孰不知，恒星不恒，一颗快速的恒星每年能走100亿公里。就是我们手上的一块石头，一抔黄土，其内部的分子、电子，也在进行着频繁的振动，只是外观呈现平静罢了。至于追究天地宇宙的过去、现在和将来，更是一幅永无休止的运动和演化图景。

现在的地球是一个草木葱茏、碧水盈盈的秀丽世界。但在35亿年前地球形成的早期，它却是一个炽热的火球，熔岩滚滚、烈火炎炎，以后才不断冷却下来，在表面结成一层硬硬的地壳。然而，至今地球内部的运动并未休止，每年仅地震的发生就有500万次之多，火山爆发也时而出现。群山不鏊，大地不恒。珠穆朗玛峰就是在100万年内上升了3000

地球：一个美丽的星球

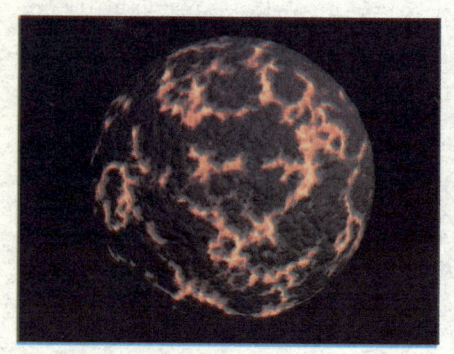

早期的地球

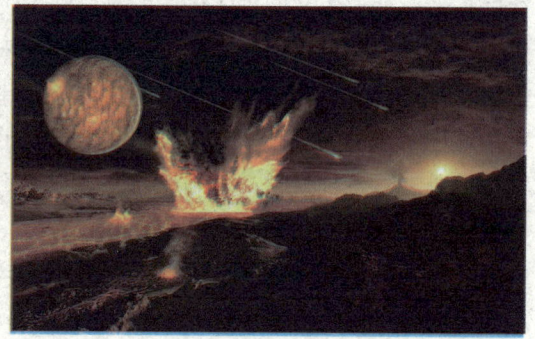

早期的地球

多米，成为世界第一峰的，并至今每年还以3毫米的速度在上升。

在150亿~100亿年以前，宇宙是一团炽热的混沌体，以后发生了剧烈的宇宙大爆炸，使宇宙间的物质逐渐分离，温度下降，从而演化成现在的宇宙。现代宇宙学甚至已能非常精细地描绘出宇宙大爆炸开始3分钟时的具体情景。

宇宙肯定还会继续膨胀一段时间，至于以后的命运，则取决于宇宙密度是大于还是小于某一临界密度。由于最近发现宇宙间的中微子有一定的静止质量，从而使宇宙的密度比以前估计的要大。因而，我们的宇宙膨胀到一定阶段的时候（有人估计是500亿年），就会逐步走向收缩。收缩恰好是膨胀的逆过程。500亿年以后宇宙又重新回复到现在的大小，然后再过100亿~150亿年，再回到无限密集的混沌状态，并重新导致宇宙的再一次大爆炸。于是一切重新演变一次。尽管这种宇宙的振荡模型只是一种假说，但我们的宇宙处于无限运动之中，是毫无疑义的。

小资料

恒星

恒星是由炽热气体组成的，能自己发光的球状或类球状天体。由于恒星离我们太远，不借助于特殊工具和方法，很难发现它们在天上的位置变化，因此古代人认为它们是固定不动的星体。估计银河系中的恒星有1500亿～2000亿颗，我们所处的太阳系的主星太阳，就是其中的一颗恒星。

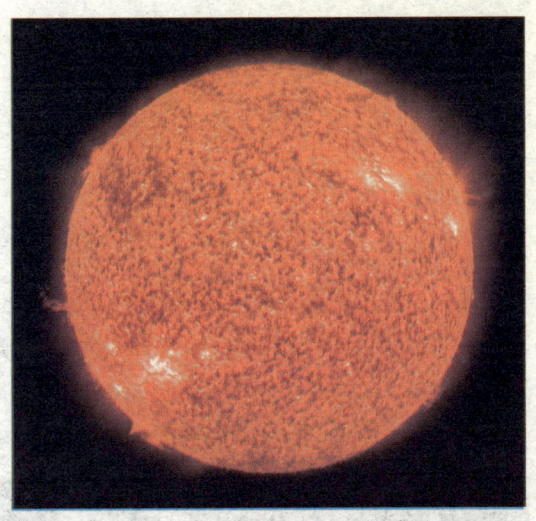

太阳

总星系

总星系并不是一个具体的星系，是指用现有的观测手段和方法所能观测和探测到的全部宇宙间范围。总星系的典型尺度为100亿～150亿光年，年龄为150亿年量级，所包含的星系在10亿个以上。每个星系平均有着1 000亿颗恒星。

宇宙膨胀说

1929年，美国天文学家哈勃根据"所有星云都在彼此互相远离，而且离得越远，离去的速度越快"这样一个天文观测结果，得出结论认为：整个宇宙在不断膨胀，星系彼此之间的分离运动也是膨胀的一部分，而不是由于任何斥力的作用，并提出了著名的哈勃定律。

美国天文学家哈勃

哈勃太空望远镜

原子核

原子核位于原子的核心部分，由质子和中子构成。原子核极小，体积只占原子体积的几千亿分之一，却集中了99.96%以上原子的质量。构成原子核的质子和中子之间存在着巨大的吸引力，能克服质子之间所带正电荷的斥力而结合成原子核，使原子在化学反应中原子核不发生分裂。当一些原子核发生裂变（原子核分裂为两个或更多的核）或聚变（轻原子核相遇时结合成为重核）时，会释放出巨大的原子核能，即原子能。

大爆炸宇宙论

1946年，美国物理学家伽莫夫正式提出大爆炸理论，认为宇宙由大约200亿年前发生的一次大爆炸形成。爆炸之初，物质只能以中子、质子、电子、光子和中微子等基本粒子形态存在。宇宙爆炸之后的不断膨胀，导致温度和密度很快下降。随着温度降低、冷却，逐步形成原子、原子核、分子，并复合成为通常的气体。气

面纱星云

蟹状星云

鹰星云

狐狸皮星云

第一章 科学是美丽的 17

马头星云

M42 猎户座星云

马头星云区域

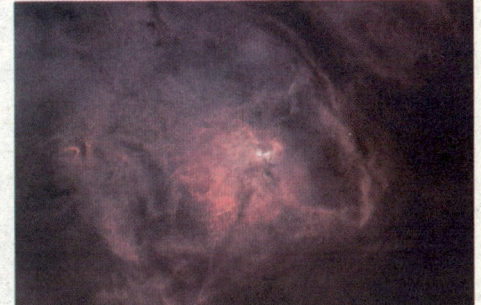
M8 泻湖星云

M17 欧米茄星云

体逐渐凝聚成星云，星云进一步形成各种各样的恒星和星系，最终形成我们现在所看到的宇宙。

拓展思考题

1. 了解大自然美的规律，对于我们热爱自然、探索自然的奥秘，有着什么重要意义？

2. 请你从自己的亲身体验中，谈谈对自然美的感受和认识。

自然界的有序美

自然界处处体现着有序的美；然而，随着时间的流逝、自然的演化，有序会否变成无序？到底是有序高于无序，还是无序高于有序？未来世界是否是一片杂乱无章、混沌一片的无序图景？20 世纪 70 年代，比利时科学家普里高津提出耗散结构理论，认为无序可以转化为有序，被称为"生命热力学的诗人"。

耗散结构理论证实了世界将能保持这幅井然有序的图景。一座城市、一个社会，也可以看作是个耗散结构，在开放中保持有序的发展。世界是美的，就在于世界是一个开放型的耗散结构。它在不断地运动、变化、发展；从而具有动态的美、生命的美。

万物运行有序，世界和谐统一，整个大自然充满了美的节律。自然界的美，尤其表现在世界的有序性上。地球总是每 365.3 个昼夜绕太阳一周，自己又每 24 小时自转一周；整个太阳系中，八大行星又都严格地按照自己的运行轨道行走，从

百花终要"零落成泥碾作尘"

不会有丝毫的"越轨"行动。正是这种自然界的有序性，使得人们有可能认识和掌握自然界的运动规律，产生了各门学科。有了有序性，才有规律性，才有科学性，人类才能认识世界、改造世界。

然而，如果我们仔细观察一下自然界，却又发现有一种力量在处处破坏这种有序美，这就是无序性。你看，淙淙流水，总是由高向低，泻溢于地；冉冉暖气，总是由热散向冷，与周围达到热平衡。覆水不可再收，破镜难以重圆，散发于四周的热量无法重新聚集。于是，原来集中、整齐、有序的状态，逐渐趋向分散、无序、混乱的状态。

在大自然中，我们几乎处处能看到这种从有序向无序转化的自发过程。嵯峨雄伟的高山，经历长年的风化作用后，逐渐变成了堆堆乱石沙砾；婀娜多姿的百花，最终也会"零落成泥碾作尘"。我们无法回避自然界这一令人"遗憾"的普遍规律。

19世纪中叶，科学家用物理学语言描述了这一自然规律，这就是著名的热力学第二定律。这是一个描述整个自然界演化规律的定律，它认为在一个孤立的系统内，运动总是由有序向无序转化的。为此，热力学第二定律用了"熵"这样一个概念来具体描述系统的无序性。

那么，自然界有序的美，是否还继续存在？到底是有序高于无序，还是无序高于有序？随着时间的流逝、自然的演化，人类的未来世界，究竟是一片杂乱无章、混沌一片的无序图景，还是仍然能够保持今天这样有序美的画面呢？

其实，大自然的演化发展已经表明，并不是一切都是从有序走向无序的。生物的进化就是不断地从无序到有序、从简单到复杂、从低级向高级发展的过程。地球上最早的生命，就产生于混沌一片的原始海洋中，从生命大分子到单细胞生物，从单细胞生物到多细胞的低等生物，以后再发展到高等生物，发展到人。这是一个不断完善、不断有序进化的过程。尤其是人的大脑，更是高度有序组织起来的物质产物，是高度有序化的生物"精灵"。难怪恩格斯把大脑的意识称为"地球上最美的花朵"。

再看看宇宙的演化，也是一幅从无序走向有序的生动图景。据天文学家推算，大约150亿年前，宇宙曾发生过一次"大爆炸"，于是混沌初开，再经过多年的演化，才逐渐形成今天这样一幅无限丰富多彩的有序景象。

那么，无论是生物的进化、宇

地球最早的生命诞生于原始海洋

第一章 科学是美丽的

宙的演化，究竟是如何能够从无序走向有序的呢？这个深奥的美学问题，曾久久地吸引着无数科学家的探索之心。

19世纪，伟大的物理学家麦克斯韦曾以丰富的想象力提出了一种能实现从无序向有序转化的途径：假如把一团气体充入一个容器，容器分成两半，中间设一个有门的小孔，让一个能够识别单个分子运动速度的"小妖"来守门，让快分子进入右室，而慢分子进入左室。这样，不多一会儿，快分子全进入了右室，而慢分子则集中在左室，由于分子运动的速度决定了温度的高低，因此左右两半室就产生了温差，使已达到热平衡的气体重新能够做功。于是，热力学第二定律被打破。这个能看门的小妖，便被后人戏称为"麦克斯韦妖"。

物理学家麦克斯韦

"麦克斯韦妖"的出现，为似乎变得无序的世界找到了一条恢复有序美的途径，使科学界兴趣盎然。如果"小妖"真的能出现，已做过功的废热将重新用于做功，从而为人类提供用之不尽的能源。沿着这个诱人的思路，不少人进行了探索。有人认为整流器只让交流电单向流动，它的作用就像看门的小妖；有人说如果让某一种具有特殊记忆特性的存在物来看门，

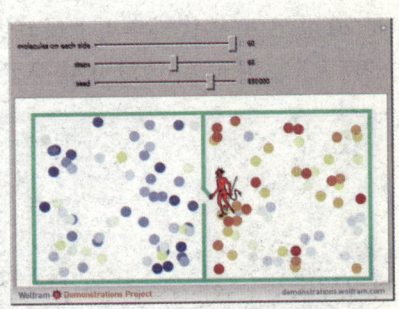

守门的麦克斯韦妖

也能起到类似小妖的作用。人们在自然界中到处寻找能够调制分子运动方向，实现无序向有序转化的小妖。然而，经过仔细分析，人们认为要使小妖工作，本身就得消耗功。因此，对于整个系统来说，热平衡的窘境仍然摆脱不了。"小妖"再神通广大，仍然翻不出热力学第二定律的"手掌"。

但是，这一切并没有使寻找"小妖"的诱惑有所减少，探索仍在继续。正如一位英国物理学家说的：在帮助我们理解自然的方式以及看待它的方式上，"麦克斯韦妖"已做了某些极有用的事。20世纪60年代末，这一探索终于获得了重大突破。比利时物理学家普利高津提出了"耗散结构"理论，为从无序转化为有序找到了一座"桥"。

普利高津是一位很有哲学思想的科学家。他坚信世界总是不断向上、变化和

发展的，自然界应该有着能够从无序向有序转化的通道。他从一种叫"贝纳德花样"的现象中得到启示：水在沸腾前，会出现许多水泡，若仔细观察，会发现这些水泡呈六角形蜂窝状的有序结构。其中心液体向上流动，边缘液体向下流动，形成热量的对流，这就是"贝纳德花样"。普里高津发现，这种有序结构必须靠外界不断供给热量才能维持，

普里高津

一旦加热停止，结构就消失了。因此，它不同于像晶体那样固定的有序结构，而是一种变化着的"活"的结构，要求不断地同外界发生物质与能量的交换，即"吐故纳新"。普利高津把这种有序结构称之为"耗散结构"。耗散结构理论的创立，为解释生命现象提供了一把很好的"钥匙"。生命的特征，就是在新陈代谢、吐故纳新中不断地维持有序状态。生命体就是一种典型的耗散结构。耗散结构理论被认为是20世纪70年代科学史上最辉煌的成就之一，普利高津被人们称为"生命热力学的诗人"，从而在1977年获得了诺贝尔化学奖。

水面的"贝纳德花样"

耗散结构理论再次证实了世界将能保持这幅井然有序的图景。无序可以转化为有序。正是这种转化，为非生命界跨向生命界架设了"桥梁"。这个理论在社会科学领域，也有着重要的应用意义。一座城市，就可以看作是个耗散结构，必须由外界源源不断地提供粮食、燃料、蔬菜、原材料等物质和能量，同时又输出产品和废物，才能保持稳定，才有生命活力。否则，就会陷于混乱之中而瘫痪。一个社会，也应是耗散结构。所以，国家、社会，应该开放，不能闭关自守。

总之，我们相信，世界是美的，有序的；而这种美的有序性，就在于世界是一个开放型的耗散结构，它在不断地运动、变化、发展；它具有动态的美、活的美、富有生命力的美。

小资料

麦克斯韦

詹姆斯·克拉克·麦克斯韦，英国物理学家、数学家。麦克斯韦把电、光统一起来，1873年出版的《论电和磁》被尊为是继牛顿《自然哲学的数学原理》之后的一部最重要的物理学经典。麦克斯韦被普遍认为是对20世纪最有影响力的19世纪物理学家。

熵

1850年，德国物理学家鲁道夫·克劳修斯首次提出熵的概念，用来表示任何一种能量在空间中分布的均匀程度，能量分布得越均匀，熵就越大。一个体系的能量完全均匀分布时，这个系统的熵就达到最大值。熵的概念在控制论、概率论、数论、天体物理、生命科学和信息论等领域都有重要应用。

普利高津

1917年生于莫斯科，1945年在比利时布鲁塞尔自由大学获得博士学位后留校工作，两年后被聘为教授。他主要研究非平衡态的不可逆过程热力学，提出了"耗散结构"理论，并因此于1977年获得诺贝尔化学奖。

贝纳德花样

1900年，贝纳德发现了对流有序现象，他在一个圆盘中倒入一些液体。当从下面加热这一薄层液体时，刚开始上下液面温差不太大，液体中只有热传导。但当上下液面温差超过某一临界值时，对流突然发生，并形成很有规律的对流花样。从上往下俯视，是许多像蜂房那样的正六角形格子。中心液体往上流，边缘液体往下流，或者相反，形成一种有序的动态结构。

拓展思考题

1. 自然界处处发生着从有序走向无序的过程和现象，然而生物的进化、人类文明的进步，又表现为无序能转变为有序，如何解释这种看似矛盾的现象？

2. 如何用耗散结构的理论来深刻认识一个城市、一个国家如何才能保持持续、稳定的发展？

哪里有数，哪里就有美

公元 5 世纪时的数学家普罗克拉斯说："哪里有数，哪里就有美。"数学的优美公式犹如但丁《神曲》中的诗句、黎曼的几何与普兰克的钢琴合奏曲一样优美。数学家怀特里德认为：作为人类精神中最原始的创造，只有音乐堪与数学媲美。数学家、哲学家罗素说："我想不到世界上有什么东西会像数学这样有趣。"

数学能磨砺人们的智力，升华人们的才思。数学史上许多著名的难题、猜想，能吸引几个世纪的众多数学人才用毕生的精力去探索，可见其智慧的深邃。数学，不仅是思维的体操，更是一种智慧的艺术。美国数学家哈尔莫斯说："数学是创造的艺术，因为数学家像艺术家一样地生活，一样地工作，一样地思索。"

法国数学家庞加莱

公元 5 世纪时的数学家普罗克拉斯说："哪里有数，哪里就有美。"

当大自然向人们展示她的丰姿丽彩时，显示了一种和谐、庄重的美。尤其是万物都遵循着相同的数学法则，似乎在这广阔无垠、变化无穷的宇宙之中，数学是无处不在、至高无上的"法官"。

控制论创始人维纳

法国数学家庞加莱说:"感觉数学的美,感觉数与形的调和,感觉几何学的优雅,这是所有数学家都知道的真正的美感。"

维纳说:"数学的使命就是在混沌之中去发现秩序。"

物理学家狄拉克说:"在现实世界中,方程式都只是近似的。当然,我们应使它们越来越精确;不过,即使是近似的方程也显示出美来。"

科学史上许多名垂千古的理论,都具有优美、简洁的数学形式。例如,普朗克、爱因斯坦、德布罗意的光辉思想,可以分别用数学方程式来表述,它们深刻地揭示了从电子到宇宙天体运动的一些基本规律,又显得如此凝炼和简洁。

奥地利物理学家玻尔兹曼

为了颂扬奥地利著名物理学家玻尔兹曼对统计热力学的贡献,人们在他的墓碑上刻写了以他的名字命名的不朽公式——玻尔兹曼定律。它以极简洁的数学符号表述了一个深刻而宏伟的物理学基本思想:熵和状态几率的对数成正比。这一发现,使气体分子杂乱无章的随机运动,也纳入了整个自然运动的和谐轨道。

为牛顿和贝多芬作传的萨列风认为:许多科学学说都是"超越之美物"。数学的优美公式犹如但丁《神曲》中的诗句、黎曼的几何与普兰克的钢琴合奏曲一样优美。数学家怀特里德认为:作为人类精神中最原始的创造,只有音乐堪与数学媲美。

然而,数学的魅力不仅在于其形式的优美,更在于它是以严密的逻辑性表现了自然运动的真实图景。

海森堡在一次同爱因斯坦的对话中这样说道:"如果自然给我们显示了一个非常简洁和美丽的数学形式——说到形式,我是指假说、公理等的统一体

海森堡

系——显示了任何人都不曾遇到过的形式,那么我不得不相信它是'真的',它揭示了自然界的奥秘。"

人们问惠勒什么是数学的美时,惠勒说:"你们可以把它叫做艺术,也可以把它叫做美……但我认为,它在它的某种含义上接近了正确和公正。"

物理学家杨振宁曾讲过这样一件事:1975年,当他发现物理学上的规范场就是数学上的纤维丛联络时,立即驱车前往数学家陈省身教授家,告诉陈说,他终于认识了纤维丛理论的美妙及含义深远的陈省身—韦尔定理,惊奇地发觉规范场恰恰就是纤维丛上的联络,而数学家在没有涉及物理世界前就发现了它。"这既是惊人的,又是迷人的,因为你们数学家能无中生有地幻想出这些概念来。"杨振宁这样说道。然而陈省身立刻驳斥说:"不,不,这些概念并不是幻想出来的。它们是自然的,又是真实的。"

著名数学家陈省身

正是数学的这种真实性,使科学上的一些正确假说、理论能显示出奇妙的逻辑力量,预见事物的发展。物理学家尤金·威格纳曾说:"数学有不可思议的威力。"爱因斯坦提出他的广义相对论以后,许多人都希望能验证它的真实性。1919年,英国爱丁顿率领的一支考察队前往西非几内亚湾的普林西比岛,选择5月29日日全食时刻观察和验证广义相对论所预言的光线在引力场附近弯曲的现象是否存在。结果,从天文照片上计算得出的数值,正好与爱因斯坦的理论相吻合,而与牛顿的预言不一致。这件事轰动了全世界。然而,当爱因斯坦本人接到关于考察结果的电报时,却毫无所动,继续同他的一名学生谈话。学生对他这种超然的平静感到奇怪,他回答说:"我知道这个理论是正确的。""假如您的预言没有得到证实,那将怎样呢?"爱因斯坦幽默地说道:"那么,我将为亲爱的上帝感到遗憾——因为这个理论是正确的。"

正如一位逻辑学家所说:"数学的光荣,便在于它现有的一切证明方法都脉络绵密、层次分明,因而天衣无缝,出不了差错。"所以,接受数学的训练,可以培养一个人遵守严密的逻辑推理,养成缜密、严格的思维习惯,这对青少年尤为重要。许多物理学家、生物学家、工程师之所以能成为某一专业的杰出人物,都同他们学生时代打下了扎实的数学基础有关。爱因

物理学家朗道

哲学家罗素

斯坦童年时就迷恋于证明勾股定理,当终于找到了一种证明方法时,他就会感到快乐无比。物理学家朗道学龄前就掌握了初等数学,以玩弄数字代替游戏。数学家、哲学家罗素 11 岁就开始学习几何学,他后来回忆这段时期时曾说:"这是我一生中的一件大事,像初恋一样使人眩惑。我想不到世界上有什么东西会像数学这样的有趣。"

确实,数学能磨砺人们的智力,升华人们的才思,以至有人这样形容:正如太阳以其光芒使众星失色,学者也以其能提出代数问题而使满座高朋逊色。数学史上许多著名的难题、猜想,能吸引几个世纪的众多数学人才用毕生的精力去探索,可见其智慧的深邃。数学,是一种思维的体操,更是一种智慧的艺术。正如美国数学家哈尔莫斯所说:"数学是创造的艺术,因为数学家像艺术家一样地生活,一样地工作,一样地思索。"

天际无涯的星空,深邃而奥妙,充满了神秘之谜:宇宙深处究竟有什么样的地外文明?回首追思千古流逝的岁月,我们的宇宙是否在一声"大爆炸"中猝然形成?我们无法用地球上的语言同外星人对话,也不可能重现宇宙大爆炸时惊心动魄的一瞬;而能补于此的,只可能靠数学。现在,科学家就试图用数学语言来同外星人通话。1974 年,美国在波多黎各的阿雷亚博天文台用射电望远镜向银河系的武仙座球状星团发送的人类给宇宙另一个可能存在的文明世界的信息,就是由 1679 个 2 进制信息数码组成的。外星人若能收到这些数字编码,即可分析出,这里包含着构成地球生命的五大基本元素——氢、碳、氮、氧、磷的原子序数,核苷酸组成物的化学方程式,DNA 分子的双螺旋结构及 DNA 分子中核苷酸的数目,地球上的人口数,太阳系的八大行星等

爱因斯坦

信息。当这些外星人终于从遥远的天际来到地球时,他们与我们间能够相互交流的唯一语言,可能也就是数学语言。

数学就是这样一种全宇宙的共通语言。事实上,自然万物与数学都有着一种天然的联系。许多生物就似乎有一种数学的"本能"。美国有一位摄影师基尔·桑维德,曾在几千万只蝴蝶翅膀的各种各样颜色和花纹中发现了从0到9的阿拉数字。据说他是在华盛顿自然博物馆的阁楼上整理标本时,发现一只采自中国的红彩斑蝶双翅背面绚丽的纹饰组成了红得耀眼的"1"字。这一发现激发了他的好奇心。不久,他找到了更多带有数字纹饰的蝴蝶。10多年来,他已经拍摄到了全套具有从0到9的阿拉伯数字的蝴蝶照片。也许,这只是一种偶然的相似,然而,确有许多植物的叶和花相似于数学曲线,并能用数学公式描述。笛卡尔曾研究过一种称为茉莉花瓣的曲线,在现代数学中,它可以写成一个方程式,叫做笛卡尔叶线。后来,又有人尝试用方程式来表示花的外部轮廓,这些数学曲线称为"玫瑰形线"。现在,包括槭树、柳树、常春藤、立叶草和睡莲等植物的叶子形状,都可以近似地用方程式来表示。而根据分形数学绘出的分形图,更是呈现千姿百态的绚丽图案,让人们为之叫绝。

带有88纹饰的数字蝴蝶

数学不愧为"科学的王冠"。

分形之美

小资料

庞加莱

亨利·庞加莱，法国数学家、天体力学家、数学物理学家、科学哲学家，1854年4月29日生于法国南锡，1912年7月17日卒于巴黎。庞加莱的研究涉及数论、代数学、几何学、拓扑学、天体力学、数学物理、多复变函数论、科学哲学等许多领域。1904年，庞加莱在一篇论文中提出了著名的"庞加莱猜想"，3位证明者分别获得1966年、1986年和2006年菲尔兹奖。

维纳

维纳（1894-1964年），是美国数学家，控制论的创始人。在其70年的科学生涯中，先后涉足哲学、数学、物理学和工程学，最后转向生物学，在各个领域中都取得了丰硕成果，称得上是20世纪多才多艺和学识渊博的科学巨人。他一生发表论文240多篇，著作14本。主要著作有《控制论》（1948年）、《维纳选集》（1964年）和《维纳数学论文集》（1980年）。维纳还有2本自传、《昔日神童》和《我是一个数学家》。

玻尔兹曼

玻尔兹曼（1844—1906年），热力学和统计物理学的奠基人之一。1869年，他将麦克斯韦速度分布律推广到保守力场作用下的情况，得到了玻尔兹曼分布律。1872年，玻尔兹曼建立了玻尔兹曼方程（又称输运方程），用来描述气体从非平衡态到平衡态过渡的过程。1877年，他又提出了著名的玻尔兹曼熵公式。

陈省身

陈省身（1911—2004年），美籍华裔数学家，被誉为"现代微分几何之父"。曾出任美国数学学会副主席，也是第三世界科学院的创始发起者。晚年定居南开大学，任南开大学数学研究所名誉所长。1995年当选为首批中国科学院外籍院士。对中国数学的复兴作出了不可磨灭的贡献。

笛卡尔曲线

笛卡尔是法国著名的哲学家、物理学家、数学家，他对现代数学的发展作出了重要的贡献，因将几何坐标体系公式化而被认为是解析几何之父。黑格尔称他为"现代哲学之父"。他的哲学思想深深影响了之后的几代欧洲人。同时，他又是一位勇于探索的科学家，他所建立的解析几何在数学史上具有划时代的意义。笛卡尔堪称17世纪欧洲哲学界和科学界最有影响的巨匠之一，被誉为"近代科学的始祖"。后人利用笛卡尔曲线方程式描述花的轮廓，这些曲线称为"玫瑰形线"。

笛卡尔

拓展思考题

1. 你有否在学习数学的过程中，体验到数学给自己带来的快乐和美的感受？
2. 你能否从实际生活中举例来证明："哪里有数，哪里就有美"的观点。

螺旋美的启示

自然界中有许许多多的螺旋现象：大至银河系的螺旋状星云，小至电子层的运动轨道，都呈现着奇妙的螺旋形。从宇宙世界到生命万物，都存在这缠卷的螺旋线，因而被称为"生命的曲线"。螺旋线为什么普遍存在，它透露出什么样的自然奥秘，它对科学探索，乃至技术设计，提供了什么样的启发和借鉴？它对我们理解大自然的美，又带来了多少启示？

自然界中有许许多多的螺旋现象：大至银河系的螺旋状星云，小至电子层的运动轨道，都呈现着奇妙的螺旋形。螺旋式的运动，是自然万物最普遍的运动形式，给人以一种美的感受。正如英国的荷伽兹所说："金字塔由它的塔基到塔尖慢慢形成尖顶，还有漩涡形或螺旋形，逐渐缩小到它的中心，都是美的形状。"这种螺旋美，对于科学研究者认识自然规律，有着重要的启迪作用。

螺旋星云

螺旋线这个名词源于希腊文，它的原意是"旋卷"或"缠卷"的意思。在汉语中，"螺"是指具有回旋形贝壳的软体动物，如田螺、海螺、鹦鹉螺等。鉴于螺旋形的美，古人用螺壳制成首饰、螺杯—"香螺酌美酒"；或

多姿多态的鹦鹉螺

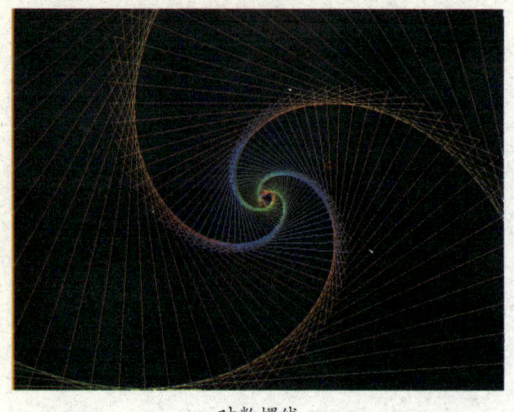

对数螺线

将发髻挽成螺形——"玉簪螺髻"；富有浪漫色彩的诗人则进而用螺髻来形容大自然山水、明月的美——"似将青螺髻，撒在明月中。"

然而许多科学家喜欢螺旋形，除了其美的魅力外，还因为他们深受自然界普遍存在着螺旋形的吸引。早在古希腊时代，阿基米德就研究过螺旋线，他发明的阿基米德式螺旋提水器，至今在埃及仍有使用。笛卡尔曾描述了对数螺线，这种螺线有一个特点：它的形状始终保持同一，无论把它放大或缩小，都不会改变。这种螺旋线在自然界中分布得很广，它同生物生长的现象有着直接的关系，难怪英国科学家科克把这些螺旋线称为"生命的曲线"。歌德也很注意自然界的螺旋结构，他曾写过一篇名叫《论植物的螺旋生长倾向》的文章。甚至有一位叫伯努利的瑞士数学家，在逝世之前请人在他的墓碑上铭刻了一条他所喜爱的对数螺线，并在这条螺线的图旁写上"我将按原来的样子变化后复活"，这说明了这位数学家对螺旋线同生命之间的联系有着深刻的认识。

可以这样说：从宇宙世界到生命万物，都是在这缠卷的螺旋运动中起端、产生的。根据康德—拉普拉斯的星云说，在太初时期，宇宙空间充满着基本的微粒，这一团弥漫的微粒温度极高，缓慢地自转着。后来，星云逐渐冷却收缩，由于角动量守恒，星云收缩使转动速度越来越快，惯性离心力也越来越大，于是星云越来越扁。随着这一巨大的螺旋状星云的不断旋转，星云物质逐渐分离、凝聚，在漩涡中心部位形成了密度较大的天体——恒星，它占有绝大部分原始星云的物质；而在其周围则形成了一个个的行星。用现代的天文望远镜，我们可以看到宇宙间的许多漩涡状星系，它们有着由无数星星组成的巨大旋臂，形成一个个螺旋状的结构。我们所在的银河系也是这样的一个漩涡星系。这些宇宙空间的巨大漩涡，以其美丽的环形飞速旋转，显示着宇宙生命的节奏。世界的一切，生命的图像，都从这螺旋形中逐渐升起……

不仅宇宙星系是巨大的螺旋形，在我们周围的自然界，这种螺旋结构也有着广泛的分布。蜘蛛就是一种有着奇妙的螺旋概念的小生命，就像蜜蜂总是筑造六角形的窝一样，蜘蛛总是编织着螺旋形的网。牛角和蜗牛角都是按对数螺线的形状生长，从小到大，新增生的每一部分，都严格按照原有的对数螺旋结构增生，好像它们具有奇妙的数学本能。人类和动物的内耳耳蜗，也是螺旋形的；向日葵的花盘中，葵花籽也是按螺旋弧线排列的；蝙蝠从高处按锥形螺旋的路径飞行；灵巧的小松鼠沿着螺旋路径在树上爬上爬下；有一种复眼结构的小昆虫在被光源吸引时，因为它的复眼结构不能直接向前方看着光源，就使自己的飞行取一定的角度，以螺旋形线路到达光源。歌德在其晚期作品《植物的螺旋形倾向》（1831年）中就说：生物倾向于发展成螺旋形。

螺旋弧线排列的葵花

螺旋形结构在生命体的分子化学组成中有着特殊的意义。组成生命的蛋白质分子和核酸分子，其空间结构就是一种螺旋形的结构，被称为生物学中的基本螺旋结构。1950年，著名的生物学家鲍林、科里和布兰森首先发现了蛋白质分子的肽链排列结构是螺旋形的，取名为a—螺旋线。这是生物学中很重要的一个发现。这种结构的主链是一条右螺旋线，侧链依附在主链上，由主链向外径方向展开。缠卷着的每圈螺旋线之间通过"氢桥"互相连接。螺旋线还可以在血红蛋白等球蛋白的分子链中找到。蛋白质分子螺旋结构的发现，促使科学家进一步建立核酸的空间结构模型。1953年，科学家沃森和克里克发现了脱氧核糖核酸DNA分子的双螺旋形结构模型。这一重大发现奠定了分子生物学的基础，对于人类了解DNA结构与遗传奥秘的关系有着重要意义。由于生命体的遗传信息都携带在DNA结构上，因而这种被称为"不朽的螺旋圈"的DNA，生动地体现了其"生命曲线"的魅力。

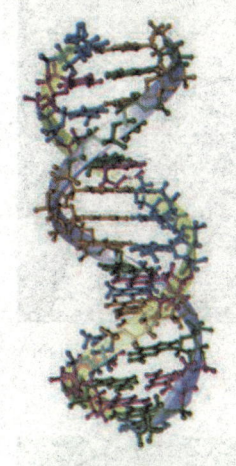

DNA分子的双螺旋形结构模型

有人曾总结、归纳了这种普遍存在于自然界中的螺旋运动，提出了"一元螺旋规律"说，认为大自然从宇宙、太阳、地球到分子、原子，都符合一元螺旋结构，因而大自然有着统一的结构模型。现在，科学家正在努力寻求着能统一自然界各种运动形式的普遍规律，而螺旋规律对于揭示自然界的本质，或许会有一定的启示。

从螺旋美对科学发现的意义，我们可以更深刻地理解从自然美到科学美，这实际上就是从感性到理的

沃森

科学中的艺术美——螺旋美的启示

克里克

飞跃。当我们面对着无限丰富的自然界时，会情不自禁地从心底里欢呼："啊，多美！"然而只有当你更细心审慎地观察自然现象的每个细节，以及它们之间的相互联系时，才会更惊讶地发现，在这纷繁多彩的自然图像中，还有一种体现着秩序、规律的美。只有理解了这种理性的美，你才更会感到，自然界的一切，是那么明晰可见、错落有致。它色彩斑斓、音韵万千，却又整齐和谐、协调统一。著名物理学家海森堡曾非常赞赏普罗替诺的说法："美是'统一'的永恒光辉透过物质现象的朦胧的显现。"追求这种统一性，是科学家孜孜以求的目标，而把这种统一性用于社会进步，人类获得了多少奇迹般的成就：质能统一理论标志着原子能时代的到来，光电理论产生了神奇的激光……当人类社会越来越倚重现代科学技术所获得的巨大成就时，我们不能不感到，在这些壮美的图景中，映照着科学美的光彩。

沃森和克里克发现了脱氧核糖核酸DNA分子的双螺旋形结构模型

小资料

阿基米德式螺旋抽水机

是历史上第一个将水从低处传往高处的抽水机，大大节省了人上下跑动来运水的时间，也省力，是一种用于灌溉的机械。普遍认为该抽水机出自古希腊哲学家阿基米德。至今这种机器仍在埃及欧洲部分地区被实际应用。

DNA双螺旋结构

1953年2月，沃森、克里克看到富兰克林在1951年11月拍摄的一张十分漂亮的DNA晶体X射线衍射照片，一下激发了他们的灵感。他们确认了DNA一定是螺旋结构，而且分析得出了螺旋参数。一连几天，沃森、克里克在他们的办公室里兴高采烈地用铁皮和铁丝搭建着模型。1953年2月28日，第一个DNA双螺旋结构的分子模型终于诞生了。

DNA 双螺旋结构的发现，使遗传的研究深入分子层次，"生命之谜"被打开，人们能清楚地了解遗传信息的构成和传递的途径，从而开启了分子生物学时代。

拓展思考题

1. 自然界处处能够看到螺旋现象，你是如何理解螺旋美的？

2. 你能否从螺旋美中得到启示，构思、设计或改进一种日常生活中的产品造型？

彩色的夸克王国

> 夸克也有"颜色",还出现了一门"量子色动力学",可见,科学也需要借助美学的"一臂之力"。现在,一些具有高度理论性的自然科学领域,许多新的现象、学说和猜测,已超越一般常识的范围,具有高度的抽象性,显示出非常特殊的规律。科学家为了寻找最恰当的表达方法,常从非科学的领域,包括艺术、哲学中借用艺术的思维方法、含义微妙的语言。这些来自非科学领域的思想、方法、术语,已越来越多地被移植到科学中来,它们的渗入,往往使原来晦涩的科学概念,一下变得生动活泼了起来。

大自然是个五光十色的世界。蓝天白云、青山绿水、红日彩霞交相辉映,形成"山光物态弄春晖"的瑰丽景象。人们赞叹大千世界的浩繁纷呈、多姿多态,却不一定了解,在宇宙间最基本的"砖石"——原子中,也存在着一幅丰富多彩的图景:飞旋的电子云、庄重的原子核、庞大的基本粒子家族、彩色的夸克王国。

在科学家的眼中,这一切是那样引人入胜,甚至不逊于风物万象的宏观世界。他们像东晋大书法家王羲之所说的那样:"仰观宇宙之大,俯察品类之盛",将抬头仰观宇宙的壮美和俯首细察微观的幽美结合在一起,对物质结构的无穷奥妙孜孜以求,在10厘米的负13次方尺度以内的世界中寻找着美的踪迹。

当然,在微观世界与我们人类的肉眼之间,遮隔着一道深垂的幕帘。科学家得依靠各种精密的仪器,并借助于理性的思维,才能掀开这道幕帘的一角,窥视到微观世界的奇特美:原子结构就像宇宙的太阳系,和谐有序;基本粒子家族,则遵循美学的对称原则——有正粒子,就必然有它的反粒子。而那微观世界最神秘的成员——夸克和胶子,更是色彩缤纷、变化万千。这一切,不禁使人想起了弗兰西斯·培根所说的话:物质以其感觉的诗意的光辉向着整个的人类微笑。

可以这样说:夸克模型的提出,既是20世纪后期物理学的一大成就,又是物理学史上最富有浪漫色彩的一章。夸克是比质子、中子、介子等强子类的粒子更基本的粒子,人类至今还没有看到过(包括通过各种现代精密仪器)自由的夸克,而只是用严密的数学计算和各种间接的实验证实了它的存在。这真是逻辑和想象结合的产物。就连"夸克"这个名词本身,也混合着浓厚的艺术色彩,这在以前的物理学术语中,是未有过的。

"夸克"的发现和命名者,是美国物理学家盖尔曼。20世纪60年代初,盖尔曼设想,当时已发现的100多种基本粒子,还可能由更基本的粒子组成。盖尔曼从门捷列夫的元素周期表中得到启发,他试图将这100多种

发现和命名夸克的盖尔曼

基本粒子也排出一张周期表。结果获得了一个惊人的发现:这100多种基本粒子,都可以归结为3种更基本的粒子的不同组合。盖尔曼被自己这一新奇的发现所震惊了,甚至可以说是陶醉了。他诙谐地给这些新粒子取了这样一个奇怪的名字:夸克。它的意思是海鸟的叫声,来自詹姆士·乔伊斯小说中的一句话:"为检阅者似的马克王,三声夸克",意喻发现了三种夸克。乔伊斯这位小说家不曾想到,他笔下的文学语言竟会成为20世纪物理学中的重要术语出现在无数篇高深的物理学论文中。

1974年,丁肇中和里克特发现了一种新粒子,用已知的三种夸克无法解释。于是,盖尔曼的这张"周期表"被扩展了,这种名为J/ψ粒子的新介子,证明了起码有第四种夸克存在。丁肇中和里克特因此

詹姆士·乔伊斯

同时获得了诺贝尔物理学奖,物理学界亦掀起了一股"夸克热",之后又相继有两种夸克发现。这样,总共已发现了六种夸克,分别叫"上"、"下"、"奇"、"粲"、"底"、"顶"夸克。富于想象力的理论物理学家饶有风趣地把夸克的这六种分类,称为夸克的"气味"。

丁肇中

里克特

物理学家不仅赋予夸克"气味"之分,而且示有"颜色"之别,从而巧妙地解决了建立夸克模型中的一些困难。夸克的"颜色"有红、黄、蓝三色,在色彩学中这三色都是基色,将这三种基色按不同比例调和,就可以调出千彩万色。彩色的电视、电影画面就是由基色合成的,在荧光屏和银幕上显得色彩缤纷、万紫千红。同样,这三种基色相和,还可以变成白色。一缕阳光,就是由红、黄、青、绿、蓝、橙、紫七色组成。将这些美术上的概念用到理论物理学上来,已完全超出了简单的比喻的范畴,而被赋予深刻的含义。善于描色绘彩的画家不会想到,他们手中的"调色板"竟会在理论物理学家手中描绘出另一幅微观世界的奇异图景。

夸克模型指出,每一个强子,都是由两个以上的夸克组成的,这些夸克有不同的"味"和"色",但都遵循一个规律:每个强子中的夸克组合,颜色正好抵消,或是红、黄、蓝三色相和,或是正色同反色,这样强子始终是无色的。物理学家归纳了一句话:夸克有三色,无色为强子。既生动、形象,又完美地概括了夸克模型的特点。

将"颜色"的概念引进夸克模型,还解释了夸克的幽禁之谜。夸克的"幽禁"是夸克的奇怪特性。原来,尽管夸克模型已被许多实验所证实,但物理学家却始终无法发现自由夸克的存在。无论是用强大的高能加速器轰击强子,或是从宇宙线与大气原子碰撞的碎片中寻找,都发现不了自由夸克,可谓"上穷碧落下黄泉,两处茫茫皆不见"。进一步研究发现,夸克在强子内部能准自由地运动,然而就是不能冲破强子的束缚,越雷池一步。据说夸克之间有着巨大的结合能,用目前的高能加速器,还无法使夸克冲破这股结合能,从强子的"牢笼"内释放出来。对于夸克的

红、黄、蓝三基色

"幽禁"之谜,目前有种种解释,而其中的一种解释,就同夸克的"色"有关。

这种解释认为,"色"是夸克的一种性质,带色就像带电一样,所以也叫做色荷。但色荷与电荷性质不同。电荷是正负相吸,同性相斥。然而色荷的情况正好相反,是同色相加。这样,当单个带色荷的夸克放在真空中时,就会在周围引起一连串的同色感应,使有色夸克的质量趋向无穷大。因此,只有几个不同颜色的夸克相结合,

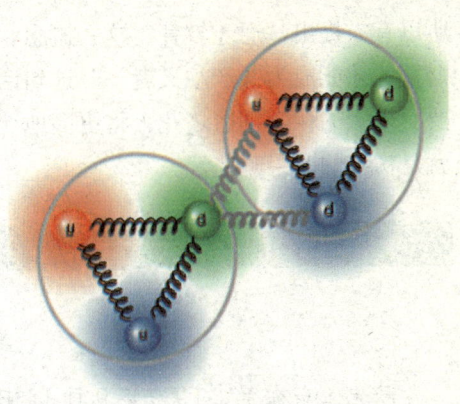

夸克模型

颜色抵消,变成无色的强子时,才能以有限质量的形态出现。这样就解释了为什么单个自由夸克不能存在的原因。

现在,已经产生了一门专门研究带色粒子之间相互作用的理论——量子色动力学。色,这个名词已成为理论物理学上的重要概念。当然,概念的性质、含义是完全不同了。但是理论物理学家得感谢美学的帮助,如果没有美术家手中这块调色板的启示,他们或许还得继续面对着抽象的物理图像冥思苦想呢。

带色夸克的这个例子生动地说明了科学十分需要借助美学的"一臂之力"。现在,理论物理学以及其他一些具有高度理论性的自然科学已发展到这样一个程度:许多新发现的现象、规律,已超越一般常识的范围,并且具有高度的抽象性,显示出非常特殊的规律。物理学家为了寻找最恰当的表达方法,一是更多地依靠数学的帮助,建立起各种各样的数学模型。这其实是一种借助于智力图像的思维。一个出色的数学模型,就像一座美的殿堂,处处显示出和谐、对称等美的特征。另外,就是从非自然科学的领域,包括艺术、哲学中,借用艺术的思维方法、精辟深刻的思想和含义微妙的语言。这些来自非自然科学领域的思想、方法、术语,已越来越多地被移植到科学中来,它们的渗入,往往使原来感到不明确、困难的科学问题一下获得了明显的解决办法。因而有人把运用这种非自然科学方法的创造活动称为"高级创造"活动。

尽管对"高级创造"这一提法,还可讨论,但这确实反映了一种趋势:现代科学已经发展到这样的阶段,必须调动人类的全部知识财富和多种思维方式,才能有重大的创造和突破。现代科学在高度分化的同时,正在走向高度的综合,大批边缘学科、横向学科像雨后春笋般诞生。有的学科甚至横跨自然科学和社会科学两个领域,如心理学、未来学,等等。要开垦这些科学处女地,仅有某门专业知识,或者仅有自然科学知识,是不够的。只有专深与博学兼治,才能成为出色的开垦者。

所以有人提出"通才教育"这一概念。列宁曾经说过："只有吸取人类的全部知识财富，才能成为共产主义者。"这句话对于今天立志科学创造的人来说，也同样重要。未来的科学创造之花，将更多地绽放于这些"通才"之手。彩色的夸克模型，就是初绽的一朵鲜花。

小资料

盖尔曼

默里·盖尔曼，1929年9月15日出生于纽约的一个犹太家庭里。童年时就对科学有浓厚兴趣，14岁就进入耶鲁大学，1948年获学士学位，后转麻省理工学院，3年后获博士学位，年仅22岁。1955年，盖尔曼到加州理工学院当理论物理学副教授，年后升正教授，成为加州理工学院最年轻的终身教授。1964年提出了"夸克模型"的设想，从而获得了1969年度诺贝尔物理学奖。

詹姆斯·乔伊斯（1882—1941年），爱尔兰作家、诗人，20世纪最伟大的作家之一，后现代文学的奠基者之一，其作品及"意识流"思想对世界文坛影响巨大。其一生颠沛流离，辗转于欧洲各地，靠教授英语和写作糊口，晚年饱受眼疾之痛，几近失明。其作品结构复杂，用语奇特，极富独创性。主要作品是短篇小说集《都柏林人》（1914年），描写了下层市民的日常生活，显示社会环境对人的理想和希望的毁灭。自传体小说《青年艺术家的自画像》（1916年）以大量内心独白描述了人物心理及其周围世界。代表作长篇小说《尤利西斯》（1922年）表现了现代社会中人的孤独与悲观。后期作品长篇小说《芬尼根的守灵夜》（1939年）借用梦境表达对人类的存在和命运的终极思考。

J/ψ 粒子的发现

盖尔曼提出夸克模型后，粒子物理学似乎已经达到了顶峰。然而，1974年同时有两个实验小组宣布发现了一种寿命特别长、质量特别大的粒子，即一种新的夸克。这项发现的宣布，推动粒子物理学迈向新的台阶。这项新的发现就是由里克特领导的 SLAC—LBL 合作组所发现的 ψ 粒子和由丁肇中领导的 MIT 小组所发现的 J 粒子。人们统称之为 J/ψ 粒子。1976年，诺贝尔物理学奖授予里克特和丁肇中，以表彰他们在发现一种新型的夸克粒子中所作的先驱性工作。

丁肇中

华裔美籍实验物理学家。祖籍山东省日照市。现任美国麻省理工学院教授，曾获得1976年诺贝尔物理学奖。他曾发现一种新的基本粒子，并以物理文献中习惯用来表示电磁流的拉丁字母"J"将那种新粒子命名为"J粒子"。近年来，他领导进行阿尔法磁谱仪实验，这是一个大型国际合作科学实验项目，包括美国、中国、意大利、瑞士、德国、芬兰等国家和地区的60多个研究机构的物理学家和工程师参加，其目的是寻找太空中的反物质和暗物质。

里克特

出生于美国纽约市，1952年获得麻省理工学院理学士学位，1956年获该校核物理学博士学位。毕业后，里克特接受了斯坦福大学的一个研究职位，并在1967年被聘为物理学系正教授。

1974年，里克特和丁肇中联合宣布他们各自发现了一种新的夸克粒子。1976年，他们共同获得诺贝尔物理奖。里克特说：我从小就对科学感兴趣，在10岁左右，我有一个念头，就是想知道宇宙是怎样运行的。上大学后，我渐渐发现学习物理更能从根本上帮助我理解宇宙，是我童年时的这个问题引导我去学物理，并最终进入物理学这个美妙的世界的。

拓展思考题

1. 物理学家认为，夸克是构成物质最基本的基石，但哲学又认为物质是无限可分的，如何认识和看待这两种观点？
2. 现代科学要借助于文学等人文学科中的一些概念和思想，那么这是否会影响到自然科学的纯粹性和严谨性呢？

第二章 人类智慧的并蒂莲

科学和艺术是相通的
——李政道教授访谈录

由著名科学家、诺贝尔物理学奖获得者、中国科学院外籍院士李政道教授主编的《科学和艺术》一书出版后,引起了国内外的关注。为此,李政道教授在上海接受了笔者的独家专访。

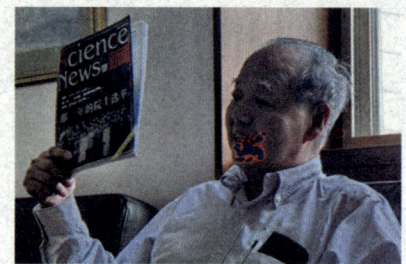

李政道教授

科学和艺术是一枚硬币的两面

科学和艺术都是人类智慧的结晶,但两者有着显著的区别,属于不同的知识领域。

笔者:您作为毕生从事物理学研究、成绩卓著的著名科学家,近年来一直热心于科学和艺术之间的交流、融合,而且身体力行,做了许多实实在在的工作,由您主编的《科学和艺术》一书就是这种珠联璧合的范例。您是什么时候开始对艺术产生兴趣的?

李政道:我是搞物理的,科学是我的专业、本行,但是我对艺术一直很有兴趣。我1926年出生于上海,中学期间适逢日军侵华,生活很不稳定。到了1941年,我独自一人赴内地求学,颠沛流离,几经辗转,相当艰苦,根本没有机会接触真正的艺术。1946年,我在19岁的时候前往美国留学,在学习、研究之余,有机会参观美国和欧洲一些大城市的博物馆,慢慢接触到了优秀的艺术作品。1963年,伦敦大英博物馆旁边一个画廊举办当代中国画展,其中有吴作人先生画的骆驼、李可染先生画的水牛、黄胄先生画的驴子等。当时我正好在伦敦,这也是我第一次领略到中国画的精粹。看了以后觉得很有味道,就买了几幅作为收藏。吴作人先生画的骆驼幅面较大,现在挂在我家的客厅里,后来有一次吴先生到我家做客,我们还一起在这幅画前合了影。

笔者:人们通常认为,科学研究的是自然现象的规律,是客观的,而艺术则反映艺术家的内心感受,是主观的。您认为两者之间的联系和共同点是什么?

李政道:我一直在思考这两者之间的关系。科学研究的是自然现象的规律。当然,自然现象并不因为有科学家才存在,科学家研究自然现象的规律,对这些客观规律给出新的、准确的总结和抽象。例如,牛顿第二运动定律,表述为"力等于质量与加速度的乘积",这是牛顿对力学现象规律性的抽象。他的叙述非常简单,而在当时的背景之下,又非常准确,而且是全新的。类似情况告诉我们,对自然现象的规律叙述得越简单,应用越广泛,那么这个科学的内容往往就越深刻。

同样,艺术表现的对象是人类的情感,而不仅仅是艺术家自己的内心独白。不管是音乐、诗歌、小说,还是别的什么

李政道主编的《科学与艺术》

形式,艺术的目的主要是用一种新的创作方法,引发欣赏者的情感。比如李白的诗句"黄河之水天上来,奔流到海不复回",读了以后会使人感到很豪爽,而这种情感可能你本来就有,只是潜在着,诗句引发了你的同感,使你产生共鸣。对艺术而言,引起的情感越珍贵、越普遍,反应越强烈,那么艺术就越优秀。

艺术和科学,表面上看是两个完全不同的知识范畴,但是进一步思考,就会发现两者是相通的:两者都在寻求真理的普遍性,而且都是跨时间、跨空间的。只要有人类,就会去探究自然的奥秘,就会有科学;同样,只要有人类,就会有情感,也就一定会产生艺术。所以,我把艺术和科学看作是一枚硬币的两面,两者是相通的,都追求真理的普遍性。

科学可以从艺术上汲取营养,寻求创新的思路

艺术的修养,对于创造力的培养和发展,是很有价值的。

笔者:那么,艺术对您所从事的科学研究,带来了什么好处?

李政道:对艺术的美学鉴赏和对科学观念的理解都需要智慧,随后的感受升华与情感也是分不开的。没有情感的因素和促进,我们的智慧能够开创新的道路吗?

所以，艺术的修养，对于创造力的培养和发展，是很有价值的。

当然，真正在从事科学研究的时候，不会去想这些问题的。这与运动员在竞争激烈的奥运赛场上，必须排除各种杂念的干扰，专心比赛一样，从事科研也要专心致志，绝对不能分心。

笔者：假如同样从事科学研究的两个人，其中一人有较高的艺术修养，另一人则逊色一点，那么他们在研究上是否会有所差异？

李政道：这个很难说。但是我自己觉得，有时候听听音乐、读一点书，放松一下，想一些别的东西，可能会开阔思路。科学问题往往有一定难度，如果用常规的办法直接与其碰撞，很可能解不开，因为用简单机械的老方法，别人早就可能成功了；但是如果绕开去，从艺术中汲取营养，寻求创新的思路，说不定能得来全不费工夫。

笔者：从科学史来看，许多有名的科学家确实是多才多艺的，像爱因斯坦喜欢拉小提琴，在国内，像复旦大学名誉校长苏步青教授在书法、赋诗方面也很有造诣。这是不是也说明科学与艺术是相通的？

李政道：科学家真正能在艺术方面有造诣的其实并不多，而爱好艺术的就很多。一个人的精力毕竟有限，对艺术和科学都要精通是困难的。

华君武的想象力比物理学家还超前一些

艺术家和科学家的对话、交流，可以引起人们对科学的关注。更重要的是，这种结合对艺术家、科学家探索真理都是有帮助的。

笔者：我们仔细看了您主编的《科学和艺术》一书，很钦佩这些画家怎么能够把一些深奥的物理学原理转化成生动形象的画面，而且这对画家本人而言，也很可能达到了他绘画艺术上一个新的境界。从这个角度来说，科学的思维对艺术家来说是否也很有帮助？

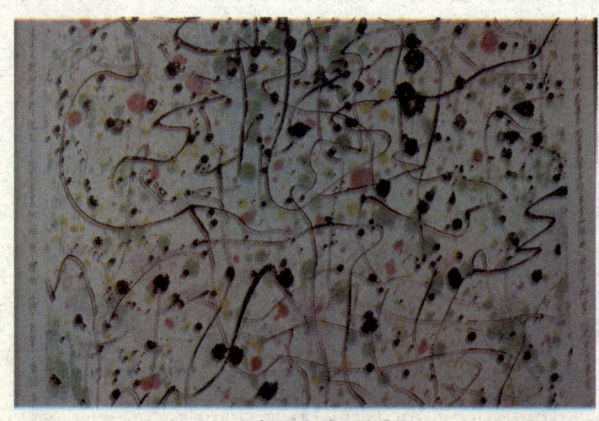

吴冠中的画《流光》

李政道：《科学与艺术》画册中的作品都是我与这些画家分别交流、切磋后创作出来的。一般情况下，我先打个草稿，供画家参考。比如，华君武先生画《双结生翅成超导，单行苦奔遇阻力》，我告诉他在超导态中，当两个电子组成库珀对时，就能实现超导，而

华君武的画《双结生翅成超导，单行苦奔遇阻力》

单独的电子则被束缚和困扰。我先打了个草稿，下面是碳—60晶体，上面画一些小孩，有一个画面是一个小孩在往上爬，但是爬不上，我无法表现他痛苦的神态。另一个画面是两个小孩双手相携，便能跳得很高。我把自己的想法告诉华君武先生，他从艺术表现的角度考虑，认为立体的结晶体不美观，建议改成片状的，我表示赞同。他画出的碳—60是连着的一片，像云一样。然后他又问，要使两个小孩跑得快一些，能不能让他们插上翅膀？我说可以。最后，他的作品中两个小孩插上了翅膀，而且都笑眯眯的，显得很轻松、很愉快，画得相当生动。现在片状的碳—60晶体已经被研制出来了，是中科院物理所的成果。所以说他的想象力倒是比物理学家还超前一点。

笔者：东方艺术有自己的特点，是世界艺术宝库中具有独特魅力的组成部分，那么受东方艺术熏陶的中国人，研究科学是不是有自己的优势？

李政道：从希腊的雕塑开始，欧洲的文化离不开宗教，所以希腊雕塑多以神为题材，像维纳斯，艺术家把感情都寄托在神的身上；而中国画的情感寄托，却在山水、自然之间，往往一朵小的花、一个小的虫，或者一头水牛、一棵树，它的每一笔、每一个细微之处都带着人的感情。所以，东方艺术比西方艺术更关注自然界，对自然的观察非常细微，有的已有一定的科学寓意。可以说，在几千年的东方文化中，科学和艺术早就有结合了。所以对科学和艺术相互交融的观念，比较容易接受。

李可染的画《粒子重如牛，对撞生新态》

而西方艺术的情感寄托，主要在于人、人的内心，结果越来越内向，艺术家对科学不想了解，对科学感兴趣的艺术家非常少见。而中国的艺术家对科学还是很有兴趣。

笔者：由您主编的《科学与艺术》一书中，一批当代中国著名的国画家、漫画家、装饰画家都用各自的笔触阐释深奥的科学道理，是不是抽象的绘画手法更能阐述物理学原理？

李政道：我觉得可以。关键是中国的艺术家比较容易接受科学观念，而西方艺术家虽然对有成就的科学家也很尊重，认为科学家对社会有贡献，但是他们往往对科学本身毫无兴趣。

笔者：现代科学研究越来越高深，普通大众很难了解科学家的工作，那么您倡导科学家与艺术家的交流，用艺术的语言来阐明深奥的科学原理，这是否会促进公众更好地理解科学？

李政道：现代社会，科学知识无所不在，但是要搞清楚某一门具体科学的内容有时是很困难的，就像汽车大家都在开，但有多少人懂得汽缸的

常沙娜的画《刨天》

原理呢？艺术家和科学家的对话、交流，可以引起人们对科学的关注，而我认为，更重要的是，这种结合对艺术家、科学家探索真理都是有帮助的。

拓展思考题

1. 为什么说科学与艺术虽然属于两个不同的领域，但彼此有着相通的地方？

2. 艺术家的想象力对科学研究有什么好处？能否从科学史中找到一两个典型的例子？

科学家的艺术素质

> 一个有科学创新能力的人不但要有科学知识,还要有文化艺术修养。小时候,我父亲就是这样对我进行教育和培养的。他让我学理科,同时又送我去学绘画和音乐,把科学和文化艺术结合起来。我觉得艺术上的修养对我后来的科学工作很重要,它开拓了科学创新思维。
>
> ——钱学森

人们总认为,科学和艺术是迥然相异的两个领域。在科学的殿堂里,只有思辨的灵光和数字、逻辑、概念的席位,不像艺术之宫那样色彩斑斓,充满着感性的直观形象。科学家是抽象思维的人格化,不像艺术家那样注重于形象、感情、美感……

然而,这种看法不但同人类文明发展的大部分历史相逆,而且同现代科学发展的规律不相符合。今天,科学已进入了同艺术重新结合的境界,科学家只有成为"科学的艺术家",才能在这幅日益丰富的自然图景中添上新的一笔。

钱学森

想象的天赋

生命是什么?这是科学家、哲学家探索已久的亘古之谜。20世纪40年代,奥地利物理学家薛定谔首先将量子力学引进生物学领域,揭开了生命之谜的帷帘一角。薛定谔是在富有哲理而又充满浪漫色彩的想象中找到探索途径的。他想象自己坐在林木森森的山坡下,古往今来,人间沧桑,或许100年前,也有另一个人同样坐在这里,凝望着林木和山坡。这个人也一样是父母所生,一样有痛苦和快乐。那么,为什么你刚好是你,而不是他呢?或许,你和他,实际上是同一的。你现在的生命,只是古老的神圣生命之树上的一个初芽。个人的诞生并不表明我是第一次被创造出

薛定谔

来，我的死亡也不意味着生命本质的终结。正是这一系列的想象，使薛定谔提出了生命的遗传密码概念，认为"每一个这样的机体都是下一个机体的蓝图"，从而为分子生物学的诞生奠定了基础。

丰富的想象，并非只是艺术创造的特征。在近代科学的幼年期，科学家可以单靠观察和实验得来的经验事实归纳出科学理论，而现代科学的许多理论，是不能单靠归纳法得出的。没有想象，就没有"相对论"、没有"四维空间"、没有"夸克"和"胶子"……因为，爱因斯坦并没有经历过时空的相对效应，罗巴切夫斯基也没有直接见到四维空间，盖尔曼更没有看到过"夸克"。然而，他们的理论是实在的、有效的。正是借助于想象，使他们超越了经验事实，更深刻地抓住事物的普遍联系，建立起合乎科学的理论。所以爱因斯坦认为："想象力比知识更重要，因为知识总是有限的，想象力可以概括世界上的一切，推动进步，是知识进化的源泉。"

想象是人类独有的特殊才能。人类不同于动物的得天独厚处之一，就是能借用符号形象的活动能力，即有想象的天赋。信鸽虽能千里归巢，但无法寻到它从未去过的目标，因为它们只能依赖于某种机械的记忆。而人却能借助符号、形象，到达完全陌生的目的地，甚至飞往月球、火星、木星……现在知道，人的大脑有4个功能区域：感受区、贮存区、判断区、想象区。充分发挥这4种功能的综合作用，正是科学和艺术繁荣兴旺的共同基础。

罗巴切夫斯基

美学鉴赏力

文学、戏剧、音乐、美术，都讲究美。美感，是一切艺术形式的共同特征。同样，科学家在建立或检验一种新的理论时，也往往把美学因素考虑进去，追求一种"科学美"。爱因斯坦的研究方法，就被认为"在本质上，是美学的、直觉的"，"与艺术家所用的方法具有某种共同性"。

大自然的运动，本身就充满了美的和谐。科学美，就是这种和谐美在科学理论中的反映，它表现于逻辑结构的合理匀称、相互联系的丰富多彩和最简形式的正确表述。如培根所说："没有一个极美的东西不是在调和中有着某些奇异"；海森堡的理论是："美是一个部分与另一部分及与整体的固有的和谐"；爱因斯坦则认为，"美在本质上终究是简单性"，确实，许多成功的

麦克斯韦方程组

科学理论，都是美的。理论物理中最美的公式之一是爱因斯坦的广义相对论，它表达了空间的曲率半径与物质密度的关系。麦克斯韦方程组也被认为是美的典型。它用最简洁的数学形式将每一种电磁现象包含其中，并出色地预言了电磁波的存在。

由此可见，培养美学鉴赏力，是科学家的必要修养之一。有人提出："一个科学理论成就的大小，事实上就是它的美学价值的大小。"许多著名的科学家善于诗画，擅长琴乐，有很高的美学修养，或许不是偶然的吧！

非科学方式的"高级创造"

科学技术的创造力从何而来？科学技术知识固然是个基础，然而，许多重要的科学发现和技术设计的提出，常常包含着关键性的非科学判定。维纳提出控制论的"反馈"概念，并不源于科学；盖尔曼需要为一种性质令人困惑的新基本粒子取名时，从詹姆斯·乔伊斯的小说《芬尼斯的彻夜祭》中借用了"夸克"这个词；"夸克"有红、黄、蓝三色，组成强子时，颜色相互抵消，所以"无色为强子"，这种巧妙的意喻，显然来自颜色学的概念。

这些非科学的术语、意喻、思想，越来越多地出现在科学领域内，并已具有相当精确的科学含义。它们的渗入，往往使原来感到不明确、困难的特殊问题一下获得了明显的解决办法。因而有人把运用这种非科学思想方式的创造过程称为"高级创造"。

现代科学已发展到这样的阶段：必须调动人类的全部知识财富和多种思维方式，才能做出重大的创造和突破。将科学和艺术截然分开的时期恐怕将结束了。它们正在携手相共，走向新的联合——比当年亚里士多德和达·芬奇时代伟大得多的现代联合。

小资料

薛定谔

埃尔温·薛定谔（1887—1961年），奥地利物理学家，量子力学奠基人之一，发展了分子生物学。维也纳大学哲学博士。苏黎世大学、柏林大学和格拉茨大学教授。在都柏林高级研究所理论物理学研究组工作17年。因发展了原子理论，和狄拉克共获1933年诺贝尔物理学奖。又于1937年荣获马克斯·普朗克奖章。由他所建立的薛定谔方程是量子力学中描述微观粒子运动状态的基本定律，它在量子力学中的地位大致相似于牛顿运动定律在经典力学中的地位。

罗巴切夫斯基

尼古拉斯·伊万诺维奇·罗巴切夫斯基（1792—1856年），俄罗斯数学家，非欧几何的早期发现人之一。非欧几何是人类认识史上一个富有创造性的伟大成果，它的创立，不仅带来了近百年来数学的巨大进步，而且对现代物理学、天文学以及人类时空观念的变革都产生了深远的影响。罗巴切夫斯基为非欧几何的生存和发展奋斗了30多年，在身患重病，卧床不起的困境下，也没停止对非欧几何的研究。在他双目失明，临去世的前一年，口授他的学生完成了最后一部巨著《论几何学》。直到多年后，他的独创性研究才得到学术界的高度评价和一致赞美，并被人们赞誉为"几何学中的哥白尼"。

拓展思考题

1. 艺术修养对于从事科学研究的人有什么重要的作用？
2. 请举例说明想象力对于科学研究和艺术创造都具有同样重要的意义。

音乐和科学思维

音乐和科学相辅相成。经常欣赏音乐,能使一个人的思维习惯于追求和谐、严守逻辑、秩序。当一个人沉醉于莫扎特、巴赫、海顿、贝多芬的音乐中,似乎能听到来自大自然的"天籁之声",这是音乐家用心灵捕获到的自然和谐,与科学家有着和声的感应。

我国古代诗歌有许多对音乐的出色描写,如白居易用"大珠小珠落玉盘",形容琵琶弹奏声,至今读来仍觉得似入其景,亲聆玉声;李贺用"昆山玉碎凤凰叫,芙蓉泣露香兰笑",比喻李凭弹箜篌的乐声,更是引人遐想,恍似也看到了"女娲炼石补天处,石破天惊逗秋雨"的情景。翻开《诗经》,"窈窕淑女,钟鼓乐之",更使人能闻到阵阵古乐之声。

中国自古就是一个音乐之国。早在商、周时期,音乐就呈现一派繁盛景象。当时使用的乐器有六七十种之多,仅《诗经》中提到的就有 29 种乐器,如属于打击乐器的钟、磬、鼓等;属于吹奏乐器的琴、瑟等。就制作材料而言,包括土、匏、皮、竹、丝、石、金、木等,充分表明古人已经掌握了许多与发声物体相关的声乐知识。

《诗经》

音乐为什么能动人心弦,一人唱起万人和?这除了音乐内容本身的感染力外,还在于音乐有一定的节律和频率,既和谐整齐而又有旋律变化,抑扬顿挫而有节律起伏,"大弦嘈嘈如急雨,小弦切切如私语"。研究乐音变化规律的科学,叫乐律学。我国古人早就发现,乐律和数学有密切的关系,这是一门声学和数学相结合的学问。譬如,八度音程的频率比是 2:1,五度音程的频率比是 3:1。在《管子》中,已记载了根据弦长和频率成反比的

明代数学家、声学家朱载堉

规律来定乐律的"三分损益法"。以此定的乐律,既简单易算,又和谐悦耳,春秋时期的音乐家就采用这种乐制,难怪孔子听了《诗经》中名篇《关雎》的演奏,兴奋地说:"洋洋乎,盈耳哉!"可见其精彩之程度。

唐、宋、元、明时期,文化鼎盛,音乐更见其长。为了使曲调更丰富多彩,明代的数学家、声学家朱载堉运用勾股定理,在一个八度音程内算出了十二个音程值相等的半音,创立了"十二平均律"。如果用数学公式来表示,十二平均律与频率变化之间的关系就是一个等比数列。这个音律系统能够满足任何曲调的需要,可以"终而复始,循环无端"地自由转调,甚至连现代钢琴这样的多键盘乐器的创制,也都有赖于朱载堉提供的这种声学理论基础。

乐音频率变化和数学之间的密切关系,曾引起过许多科学家、哲学家的兴趣,并促使他们探索彼此的内在联系。这方面的代表人物,就是古希腊的数学家毕达哥拉斯。他曾证明:用三条弦发出某一个乐音以及它的第五度音和第六度音时,这三条弦的长度之比是 6:4:3。他企图用这种比例数体系为基础,建立起关于宇宙的理论。他认为宇宙是一个和谐的世界,各行星与地球的距离,一定符合于音程,从而奏出"天体的音乐"。古罗马的另一位贤哲西塞罗也曾这样说道:"这些天体上的星球虽然距离不等,但都按着适当的比例排列,所以它们运转得很和谐,发出高低的音调,奏出悦耳的乐曲。"

"天体音乐"虽然只是古代贤哲一种带有思辨和哲理的猜测,但对于近代科学并非毫无实际价值。16 世纪著名的天文学家开普勒在提出科学史上具有重大意义的"开普勒三定律"时,据说曾从行星运动和谐的古老思想中受到启发。开普勒是一位数学家,很爱好音乐,他相信哥白尼体系,认为这个体系具有数学的和谐性。他说:"我从灵魂的最深处证明它是真实的,我以难以相信的欢乐心情在欣赏它的美。"因而他坚信根据数学和音乐

天体的音乐

的和谐性,可以发现行星规律。当时,著名天文学家第谷给他留下了许多天文资料,他进行了大量的计算,果然找到了行星运动的和谐性,据此提出了著名的"开普勒三定律"。

开普勒三大定律丰富和发展了哥白尼体系,给行星运动的规律以定量的描述,并打破了行星只能按正圆做匀速运动的传统观点,在天体力学上是一个很大的发展,具有重大的意义。当开普勒终于用数学计算发现了这种"天体音乐"的和谐性时,他曾这样说:这是一支庄严的天上赞歌,我们"只能用心智去领会,而不能用耳朵倾听"。

据说美国耶鲁大学有位音乐教授,曾尝试着要把开普勒发现的"宇宙和音"变成真正能够听到的"行星音乐"。他假设每个行

开普勒

星的音调和环绕太阳公转的角速度成正比,从而用计算机推算出每个行星的音调频率,灌制了行星音乐的唱片。当开动唱机时,人们能听到水星的音乐如嘘嘘短笛声、金星像小鸟啁啾、火星急速高昂、木星深沉缓慢——当然,这只是一种象征性的模拟,而"行星音乐"的真正意义,还在于它表明了音乐的这种和谐美,可以在自然运动中找到自己的"知音"。一旦这种和谐感和正在孜孜以求自然规律的科学家发生心灵共鸣时,对于科学发现和创造的获得,便会产生奇妙的作用。

可见,科学史上许多著名科学家,如爱因斯坦、普朗克、洛仑兹、玻尔等,都爱好音乐,这并非偶然。爱因斯坦说过:音乐和物理学领域的研究,是相辅相成的。经常欣赏音乐,能使一个人的思维习惯于追求和谐、严守逻辑、秩序。当一个人沉醉于莫扎特、巴赫、海顿、贝多芬的音乐中,似乎

哥白尼日心体系

著名翻译家傅雷夫妇

能听到来自大自然的"天籁之声",这是音乐家用心灵捕获到的自然和谐,与科学家有着和声的感应。一位优秀的音乐家,他的作品就是那样自然、纯真,似浮云流水,如日月江河,你在音乐声中仿佛能听到毕达哥拉斯怎样制定数的和声,开普勒怎样谱写天体运动的乐章,牛顿怎样确定万有引力的旋律……

音乐能激发一个人的想象力。像贝多芬等音乐家的许多无标题乐曲,全凭着欣赏者自己的感受和领会来展开想象的彩翼,在大自然中纵情飞翔。音乐的思维,是一种无拘无束、稍纵即逝、情感交织的思想活动,更包含了作曲者追求、寻觅、探索的热情,而这同科学探索有着异曲同工之妙。傅雷在给傅聪的家信中曾说:"真正的艺术家、名符其实的艺术家,多半是在回想和想象中过他的感情生活的。惟其能把感情升华,才能给人类留下足够多的杰作。"学习艺术家的感情升华和思维方式,对于习惯于逻辑演绎的科学家,不失为一种有益的补充。

音乐的思维不仅十分豪放、壮丽,而且细腻委婉,故而能拨动人们心灵的弦线。一位出色的作曲家,对于每一个音符,都赋予自己的心血,使其用得恰如其分,没有丝毫的瑕疵。这与科学的"格物致志"也有相通之处。音乐能培养一个人的敏感性,而随着科学不断向微观层次的深入,这种细腻、敏锐的"乐感",恐怕也不失其有用之处。

还有人认为,音乐有助于记忆。一首歌曲若干年不唱,仍能随着其旋律的响起,从胸中油然而出。有人就把化学元素编成歌

著名音乐家傅聪

曲，教学生背唱，仅用一节课就使大家记熟于心。我国早期的音乐论著《乐记》中说："凡音之起，由人心生也。人心之动，物使之然也。感物而动，故形于声。"一首优美的歌曲，客观上反映了大脑的思维活动，一旦人体的自我律动与乐曲的律动合拍而产生共鸣时，就会出现愉悦舒畅的感觉，表现在记忆中，就能使记忆力增强。而现代科学发现，听一些轻松愉快的抒情音乐，确能使人体内一些有益的化学物质如乙酰胆碱的释放量增多，而乙酰胆碱是脑细胞之间传递信息的一种主要媒介物（神经递质），对改善记忆力有着明显的效果。

傅雷在教育傅聪时，曾讲了一句很发人深省的话："单靠音乐修养来培养音乐家是有很大弊害的。"推而言之，单靠科学修养来培养科学家，也是不够的。和艺术家一样，科学家也需要从人类智慧的一切领域，包括音乐、绘画等艺术领域中吮吸营养，沐浴甘露。

小资料

《诗经》

中国最早的一部诗歌总集，先秦时期称《诗》，又称《诗三百》或《三百篇》，它收集了自西周初年至春秋中叶大约五百多年的三百零五篇诗歌。音乐上分为风、雅、颂三部分，其中"风"是地方民歌，有十五国风，共一百六十首；"雅"主要是朝廷乐歌，分大雅和小雅，共一百零五篇；"颂"主要是宗庙乐歌，有四十首。表现手法主要是赋、比、兴。"赋"就是铺陈（敷陈其事而直言之也），"比"就是比喻（以彼物比此物也），"兴"就是启发（先言它物以引起所咏之词也）。《诗经》思想和艺术价值最高的是民歌，"饥者歌其食，劳者歌其事"。《诗经》对后代诗歌发展有深远的影响，成为我国古典文学现实主义传统的源头。

朱载堉

朱载堉（1536—1611年），明代著名的律学家（有"律圣"之称）、历学家、音乐家。朱载堉是明太祖朱元璋八世孙，明成祖朱棣的第七世孙，明仁宗朱高炽的第六代孙。1591年，郑王朱厚烷去世，作为长子的朱载堉本该继承王位，他却七疏让国，辞爵归里，潜心著书。著作有《乐律全书》、《律吕正论》、《律吕质疑辨惑》、《嘉量算经》、《律吕精义》、《律历融通》、《算学新说》、《瑟谱》等。

开普勒

约翰尼斯·开普勒（1571—1630年），德国杰出的天文学家，他发现了行星运动的三大定律，分别是轨道定律、面积定律和周期定律，这三大定律可分别描述为：所有行星分别是在大小不同的椭圆轨道上运行；在同样的时间里行星向径在轨道平面上所扫过的面积相等；行星公转周期的平方与它同太阳距离的立方成正比。这三大定律最终使他赢得了"天空立法者"的美名，为哥白尼的日心说提供了最可靠的证据，同时他对光学、数学也作出了重要的贡献，是现代实验光学的奠基人。

傅雷

傅雷（1908—1966年），生于上海南汇县下沙乡，翻译家，文艺评论家。20世纪60年代初，傅雷因在翻译巴尔扎克作品方面的卓越贡献，被法国巴尔扎克研究会吸收为会员。1958年，被错划为右派，后又因儿子傅聪出走英国而受牵连，在"文革"开始后受尽折磨，服毒自尽，妻子也自缢而死。他的全部译作由安徽人民出版社编成《傅雷译文集》，从1981年起分15卷出版，现已出齐。

傅聪

傅聪，1934年生于上海，8岁半开始学习钢琴，9岁师从意大利钢琴家梅百器。1954年赴波兰留学。1955年3月获"第五届肖邦国际钢琴比赛"第三名和"玛祖卡"最优奖。1959年为了艺术背井离乡，轰动一时，此后浪迹五大洲，只身驰骋于国际音乐舞台，获得"钢琴诗人"之美名。

拓展思考题

1. 为什么说许多著名科学家如爱因斯坦、普朗克、洛仑兹、玻尔等都爱好音乐，并非偶然？

2. 傅雷在教育傅聪时说："单靠音乐修养来培养音乐家是有浪大弊害的。"请结合现实说明：为什么单靠科学修养来培养科学家，也是不够的。

诗与科学

> 莎士比亚说过:"天才的特征之一,就是把相距最远的一些才能结合在一起。"在严肃的科学殿堂上,有不少具有诗人才华和气质的科学家。诗和科学,都是从纷繁复杂的社会、自然现象中凝炼出来,体现了高度的智慧性和美的简洁性。可以说,科学的公式、定律,实际上就是用数字写成的诗,是真正的科学诗。

通常,人们都认为科学家与诗人是气质上完全不同的两种人。写诗是极为浪漫的事,思想要自由驰骋,天马行空,而科学研究则讲究严谨、扎实和一丝不苟。然而,在这座严肃的科学殿堂上,我们却能发现有不少具有诗人才华和气质的科学家。复旦大学谷超豪院士就是一位。他在繁忙的科研工作之暇,酷爱写诗。当时,他因担任中国科大校长,经常要往返于沪皖之间,就常常利用在飞机、火车上的时间,考虑数学上的"孤立子"问题。为此,他写下了"数苑从来思不停,穿云驰车亦有成。且喜高空得孤子,相互作用不变形"的诗句。

谷超豪

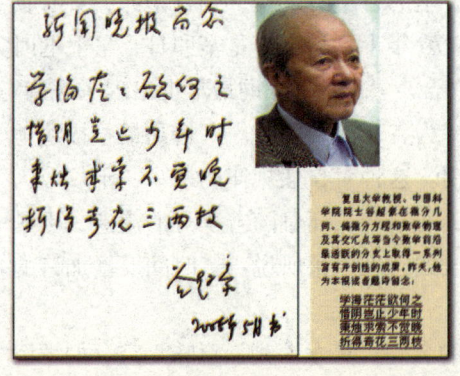

谷超豪的诗作

其实,如果我们仔细体察一下就能发现在科学和诗歌这两个迥然相异的领域,是有着不少共通之处的。诗和科学上的公式、定律,都是从纷繁复杂的社会、自然现象中凝炼出来,体现了高度的智慧性和美的简洁性。朱光潜先生曾说过:"诗比别类文学较严谨、较纯粹、较精微",这与科学理论能"从尽可能少的假设和公理出发,用最简洁的形式,概括尽可能多的经验事实"十分相似。所以说,"数就是美"。数学的方程、公式,自然科学的定律、理论,实际上就是用数字和公式等写成的诗,是真正的科学诗。

诗和科学都体现了简洁美这个特征,能在简单的形式中蕴涵着极为丰富的内容。如贾岛的《寻隐者不遇》:"松下问童子,言师采药去。只在此山中,云深不知处。"寥寥四句,却领人进入诗中意境,遥望山高云深,人迹杳渺,感觉十分真切,这和我们面对着如 $E=mc^2$ 这样一座能概括整个自然界质能关系的科学雄峰一样,在惊叹其巨大而宽阔的包涵性和普适性时,不由得感到一种简洁和深远相结合的美。

弗兰西斯·培根

弗兰西斯·培根说过:"诗歌使人巧慧",这是很有道理的。翻开唐诗、宋词,这种例子几乎比比皆是。如王湾的《江南恋》:"客路青山外,行舟绿水前。潮平两岸阔,风正一帆悬。海日生残夜,江春入旧年。乡书何处达,归雁洛阳边。"短短40个字,诗人就在这幅江春破晓图中生动地描述了潮汐运动、昼夜交替、春冬更新的自然规律。又如杜审言的《和晋陵陆丞早春游望》:"独有宦游人,偏惊物候新;云霞出海曙,梅柳渡江春;淑气催黄鸟,晴光转绿苹。忽闻歌古调,归思欲沾巾。"把早春的景物和气候描写得十分细腻动人,刻画了这些景色和物候间的相互影响、相互依存,是一篇很有科学性的早春物候篇。

诗歌中体现的这种自然观察力,使许多古代诗歌成为珍贵的科学资料。例如,世界上最早的日食记载就出于《诗经·小雅》里的"十月之交,朔月辛卯,日有食之,亦孔之丑。"据天文学家推算,公元前776年十月初一正是辛卯日,早上七时到八时,确有过日食,和诗经的描写完全相吻合。"日食"一词最早也出现于此诗。又如《诗经》中的"百川沸腾,山冢崒崩。高岸为谷,深谷为陵。"也是最早描述地震和地壳运动的记载,至今还常为人们所引用。这种对自然规律的描写,不仅成为古代诗歌的重要内容,体现了自然美和诗意美的结合,而且随着岁月的流逝,更具有科学和艺术的价值,显示了千古之魅力,诚如诗人雪莱所说:"时间反增加诗的美。"

诗歌具有深刻的哲理性。许多千古流传的名句,隽永深刻、意味无穷。如"沉舟侧畔千帆过,病树前头万木春","野火烧不尽,春风吹又生","年年岁岁花相似，岁岁年年人不同"，"今人不见古时月，今月曾经照古人"等生动形象地道出了万物代谢、有生有灭、沧桑变迁、古今流转的自然哲理。而我们知道，科学也充满了哲理，许多科学家也同时是哲学家。诗歌中这些带有哲理的闪光语言，常能启发科学研究的思路，在人们观察自然现象时，起到启迪智慧的作用。正如英国物理学家弗里曼·古森所说："诗歌不仅仅是智力上的娱乐品。自古以来，诗歌一直是人们从自己不能言喻的内心深处吸取某种智慧的最好力量。"

至于诗歌的想象力对于科学工作者的帮助，则更值得一说了。歌德说过："只有通过艺术，尤其是通过诗，想象力才能得到调节。"诗歌的想象力主要借助于感性的形象，但同时也包含了理性的思考、比较、预见，有时还闪现出富有天才的思想，如李贺在《梦天》中描写自己梦中遨游天上，回首俯瞰地上的海陆，只见"黄尘清水三山下，更变千年如走马。遥望齐州九点烟，一泓海水杯中泻"。这四句诗的前两句，体现了地球变迁和时间的相对性，后两句则酷似从今天的宇宙飞船上遥看地球，和从高空卫星上拍摄下来的照片十分相似，使我们不能不赞叹生活于1000多年前的诗人所具有的高度想象力。

康德在著名的《宇宙发展史概论》中为了阐述他的宇宙演化理论，曾引用了这样一首诗描述宇宙的未来：

当世界陆沉，什么都化为乌有，

一切都完了，只剩下一片空空，

别的星球却还照亮着许多另外的苍穹，

可它们的行程也有始有终。

在康德那个年代，能这样预见地球和其他星球的有生有灭，已是十分可贵的了，而更不容易的是，诗人在这有生有灭的过程中，看到了宇宙的永恒：

只有你啊！千秋万代，长生不老，

永远年青，犹如今朝。

诗歌常采用比、兴的手法，借景抒情，因物喻志。一朵云、一条河、一棵树，都能以此物及彼物，引起诗人的联想，诗人是非常善于横向思维的。将这种横向思维和人们常用的纵向思维结合起来，形成一种全方位的思维方式，就可以扩大思维的

康德

科学中的艺术美——螺旋美的启示

莎士比亚

古希腊的卢克莱修

范围，获得更多的发现。尤其是现代科学发展到今天，继续向纵深突破需要付出更艰巨的努力和等待时机，进行学科间的横向转移，更具有十分重要的现实意义。

莎士比亚说过："天才的特征之一，就是把相距最远的一些才能结合在一起。"科学史上，许多科学家能以不同的才能来互补、互益。我国汉代天文学家张衡，同时也是一位在古文学史上地位很高的文学家。他写的《二京赋》颇有盛名。据说五言诗、七言诗的创始和汉赋的转变，都有张衡的贡献。郭沫若曾在张衡墓碑上题词："如此全面发展之人物，在世界史上亦罕见。"可见，善诗赋兼通文理，是中国科学家的优秀传统。

世界上其他国家，这样的情况也不少见。古希腊的卢克莱修，用长诗《物性论》来阐释原子论；古希腊的哲理诗中，许多都含有"论自然"的内容。在爱因斯坦的书信里，直到晚年，都可以找到一些诗句，使人读来能感受到一种独特的情趣。麦克斯韦也同时具备诗歌和数学的才能，十几岁时，他同时获得过爱丁堡中学数学和诗歌比赛的第一名。直到他在科学上成名以后，他写的诗还一直被人们朗诵和欣赏。

当然，科学研究和诗歌创作毕竟是两个不同的领域，

汉代天文学家张衡

自有不同的思维方式和创作特点。物理学家玻尔说过："当越来越大的程度上放弃逻辑分析，允许弹奏全部的感情之弦的时候，诗、画和音乐就包含着沟通一些极端方式的可能性。"或许，这正是这位大物理学家的肺腑之言。

小资料

康德

伊曼努尔·康德，德国哲学家、思想家、德国古典哲学创始人。他被认为是对现代欧洲最具影响力的思想家之一，也是启蒙运动最后一位主要哲学家。其前半生主要研究自然科学。1754年，发表了论文《论地球自转是否变化和地球是否要衰老》，对"宇宙不变论"大胆提出怀疑。1755年，出版了《自然通史和天体论》一书，首先提出太阳系起源星云说。康德的星云说当时并没有引起人们的注意，直到拉普拉斯的星云说发表以后，人们才想起了康德的星云说。

谷超豪

谷超豪（1926—2012年），浙江温州人，数学家，复旦大学教授，中国科学院院士。1948年浙江大学数学系毕业，1953年起在复旦大学任教，历任复旦大学副校长、中国科学技术大学校长。1980年当选中国科学院数学物理学部委员，撰有《数学物理方程》等专著。研究成果"规范场数学结构"、"非线性双曲型方程组和混合型偏微分方程的研究"、"经典规范场"分获全国科学大会奖、国家自然科学二等奖及三等奖。2010年，谷超豪获得2009年度国家最高科学技术奖。

拓展思考题

1. 培根说："诗歌使人巧慧。"能否从不同的角度分析诗歌对从事科学创造所具有的作用？

2. 莎士比亚说："天才的特征之一，就是把相距最远的一些才能结合在一起。"这对于我们今天的教育，有着什么启发和意义？

艺术美与科学美

> 一些自然奥秘的揭示,仅仅依靠纯科学知识,不一定能找到问题的本质,而需要依赖于整个人类智慧的力量。正如英国自然科学史学家丹皮尔所说:"要观照生命,看到生命的整体,我们不但需要科学,而且需要伦理学、艺术和哲学。"

改革开放以来,我国的青年人中持续出现一股股"艺术热"。法国的风景画展览、波士顿的交响乐团演出等,都观者如云。许多青年在经历多年文化荒芜后,似久旱逢甘霖般地吮吸文化艺术养分。不少理工科的学生,也开始涉猎数理化以外广阔的人文知识领域。人们欣喜地看到,列宁所号召的要用人类创造的全部知识财富来武装自己的头脑,已成为许多青年人努力的目标。

回溯科学和艺术的渊源关系,两者从来就有着深厚的关联。从早期人类社会来看,作为萌芽状态的科学和艺术,都是劳动的产物。劳动使人的大脑逐渐发达起来,并导致了语言的产生、手的功能的完善。有了语言,便产生了音乐、诗歌。有人曾研究过非洲原始部落的音乐起源:"这个部落的妇女手上戴着一动就响的金属环子。她们往往聚集在一起用手磨着麦子,随着手臂有规律的运动唱起歌来,歌声同她们手上环子有节奏的响声十分谐。"因此,最早的音乐产生于劳动的节奏感,而这种节奏又与生产过程中的技术操作性质,即一定的生产技术方式相联系。所以,日本电影理论家岩崎昶说:"艺术是直接产生于一切时代、一切社会的生产技术这一基础上的。"

人类最早的两项重要技术发明,是火的利用和工具的制造。正如恩格斯所说:"摩擦生火第一次使人支配了一种自然力。"人类艺术创造的两项最早记录,洞穴壁画和陶器纹饰,也都离不开火和工具的使用,而绘画和制陶又促进了人类对颜料等化学知识的了解和掌握,

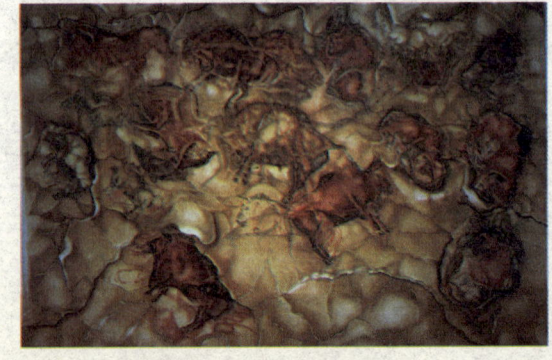

阿尔塔米拉洞穴的野牛壁画之一

阿尔塔米拉洞穴的野牛壁画之二

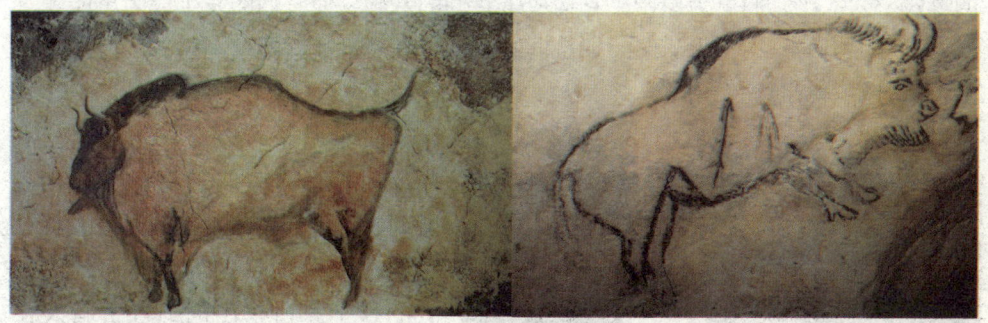

阿尔塔米拉洞穴的野牛壁画之三　　　　　阿尔塔米拉洞穴的野牛壁画之四

　　这就构成了技术、艺术、科学之间的有机联系。英国有本讲科学发明史的书在介绍欧洲阿尔塔米拉洞穴的野牛壁画时说："把油和颜料混合后涂在岩壁上让它干透，制造了最适合使用的颜料，无疑也就是人类所实现的第一次化学作用。"可见从石器时代的岩画和陶器开始，就体现了科学技术和艺术之间的衍生关系。

　　黑格尔在《美学》中曾认为，希腊的一种回旋舞源于对天体行星的模仿："希

黑格尔

腊青年男女在节日所跳的那种回旋舞（就像迷径那样曲折），本来是象征行星的螺旋式运动。

"斯宾塞认为，诗歌的节律，源于人类对自然节律的体验。自然界热力的搏动，光、热、声的传播，潮汐的起伏，星宿的运行，昼夜的交替，季节的递变，都有着明显的节奏感。甚至连抽象的数学符号和几何图案，也曾被原始人作为一种装饰，出现在岩画、陶器饰品上。在法国的布朗夏尔曾发现冰河期的象牙饰板，上面刻有 29 套符号，看来似乎在 2.5 万年前，原始人就发展了一种近似于书写和算术的符号体系。

加拿大的米直教授曾说："艺术家有时也可能认为他们住在一个纯粹心灵和精神的星球之上，在这里，工具和工艺都微不足道。但是，还从未听说过有哪位伟大的雕刻家是把它的塑造材料用嘴啃或用手抓来成像的。"当然，科学家、工程师也不能轻视艺术的作用。考林乌德就认为："艺术是人类最原始和最基本的活动，其他所有的精神活动都得从它的土壤上生长起来。宗教、科学、哲学都不是最原始的形式。艺术比它们更为原始，它构成了它们的基础，使它们的发生成为可能。"从人类历史上的三次艺术繁荣时期也同时是科学发展迅速时期这一事实，就可以看出艺术对科学所起的作用。

回旋舞之一

古希腊是人类史上第一个艺术鼎盛时期。古希腊的诗歌、戏剧、雕刻、建筑等在艺术上的光辉成就，是至今仍令人目眩的。然而，正如有的科学家所指出的，古希腊人在纯粹知识领域中所作出的贡献更加不平凡。他们在数学、天文学等科学领域都有许多非凡的创造，尤其是那种带有朴素辩证思想的自然观，对近代科学的兴起有着很大的影响。恩格斯就说过："虽然18世纪上半

回旋舞之二

叶的自然科学在知识上,甚至在材料的整理上高过了希腊古代,但是它在理论地掌握这些材料上,在一般的自然观上却低于希腊古代。"人类史上第二个艺术盛世,是15世纪下半叶开始的欧洲文艺复兴时期。这一时期产生了哥白尼、伽利略、塞尔维拉、哈维、笛卡尔、培根等杰出的科学家,他们为近代科学的发展开创了道路。这一时期的杰出人才以多才多艺和知识渊博著称,"差不多没有一个著名人物不曾作过长途的旅行,不会说四五种语言,不在几个专业上放射出光芒"。20世纪以来,人类历史上出现了第三个艺术和科学同时繁荣的时期,科学和艺术这两个有着深厚历史渊源的领域,在相互沟通、渗透、结合上,达到了一个新的水平。

在科学和艺术的发展过程中,这种共同繁荣的现象,反映了社会知识结构之间的"协同性"。协同性是复杂系统的一个重要特性,即在一个开放系统内部,各个系统之间存在着相互协同作用,这是形成系统有序性的重要原因。协同学原理是德国理论物理学家哈肯在20世纪70年代提出的理论,它不仅用于研究物理系统,而且对于研究广泛的社会、经济系统都有重要意义。包括科学、哲学、艺术等在内的社会知识系统,也可以用协同学原理来看待各门知识子系统之间的关系。

协同学原理要求用整体的观念,来看待整个社会知识系统的形成和发展。孤立的一门知识,离开社会各门知识的群体,是难以繁荣的。就像单独的一枝花往往容易枯萎,所以红花除了需要绿叶相衬外,还需要居于植物群落之中:高大的乔木、扶疏的灌木、绿莹莹的草地、盛开的鲜花,它们彼此虽参差不一,却错落有致,在生态上互惠互利,共盛并茂。知识的智慧之花,何尝不是同样道理?单独的艺术之花和科学之花,都容易枯萎,而不同的知识形态彼此协同,形成社会的知识群落,发展就获得了有利的条件。

用系统论的观点来看待科学和艺术这

德国理论物理学家哈肯

错落有致的植物群落

两种知识形态,就会看到彼此的联系和影响,看到一种"协同效应"所起的作用。这种协同效应,一方面表现为科学和艺术的相互提携,如由于电子技术产生了电子乐器,形成电子音乐;而计算机技术则可用于帮助谱曲、考证莎士比亚作品的真伪,等等。另一方面,协同力表现为彼此间智力上的激励,如艺术的探索对科学方法上的启示或科学上某些新思想为艺术领域所吸取。历史上,有些著名的科学家和艺术家互为挚友,在彼此无拘无束的交谈中,常会相互有所启发。因此,应提倡科学家和艺术家之间的"对话",鼓励他们展开思想交流。有时,一些自然奥秘,仅仅依靠纯科学知识,不一定能找到问题的本质,而需要依赖于整个人类智慧的力量。正如英国自然科学史学家丹皮尔所说:"要观照生命,看到生命的整体,我们不但需要科学,而且需要伦理学、艺术和哲学。"

小资料

阿尔塔米拉洞穴

阿尔塔米拉洞穴位于西班牙。1985年被列入世界遗产名录。为公元前3万至前1万年的旧石器时代晚期的古人绘画遗迹。洞顶和洞壁多是简单风景草图和分散的动物画像,如野牛、野马、野猪、猛犸、山羊、赤鹿等,多以写实、粗犷和重彩手法，刻画原始人熟悉的动物形象，有站、有跑、有卧、有叫，千姿百态，栩栩如生。这些岩画主色调是赭红和黑色，也有些许黄色和紫色，色彩艳丽，动物形象逼真。

黑格尔

黑格尔（1770—1831年），德国最伟大的哲学家之一。黑格尔的思想象征了19世纪德国唯心主义哲学运动的顶峰，对后世哲学流派如存在主义和马克思的历史唯物主义都产生了深远的影响。

哈肯

德国物理学家，协同学原理的创始人。1927年生于德国，1951年获埃尔朗根大学数学哲学博士学位并留校任教，1956年任理论物理学讲师。1960年任斯图加特大学理论物理学教授。1969年提出协同学一词，于20世纪70年代创立了协同学原理。协同学原理是研究协同系统从无序到有序的演化规律的新兴综合性学科。哈肯的著作有《激光理论》、《协同学——物理学、化学和生物学中的非平衡相变和自组织引论》。

拓展思考题

1. 请从你学到的历史知识中说明科学与艺术有着共同的起源和深厚的渊源关联。

2. 为什么从事科学研究不仅需要专业的知识，还需要广博的知识，包括人文科学的携手相助？

想象力和人脑潜力

想象力作为人类得天独厚的才能,是艺术和科学生根发芽、繁荣兴旺的共同基础。人类文化历史的发展表明,科学的伟大时代也同时是艺术的伟大时代。伽利略和莎士比亚于同一年出生,成了同时代的伟人。具有丰富想象力的人,无论是搞艺术还是搞科学,都会同样显示出卓越的才华。为此,爱因斯坦说过:想象力比知识更重要。富有创造性的想象力,是科学家的重要素质。

大脑是人的"元神之府",人的一切意识、行动,无不在大脑的控制下进行。人的大脑结构复杂,奥妙无穷,或可辟微入细,洞察秋毫,或可运筹帷幄,决胜千里,不愧为是大自然最神奇的创造。如今,人类已能探测远距100亿光年以外的河外星系,深入物质结构的夸克层次,但对自己头脑的认识却还很肤浅,似乎还处在天文学上的伽利略时代。因此,许多科学家都对人脑进行过研究,试图通过对人脑研究的新发现来探索意识的本原,并帮助人类更好地开发自己的智力。

根据目前脑科学的研究,人脑是由大脑、小脑、间脑、中脑、脑桥和延髓组成,其中大脑约占全脑体积的3/4,并分为左、右两个大脑半球。100多年来,人们已知道大脑两半球是有差异的。譬如,左半球控制右侧机体的感觉和运动,右半球控制左侧机体的感觉和运动。又如,大脑左半球主要担负语言、逻辑推理等功能,因而被称为"优势半球",

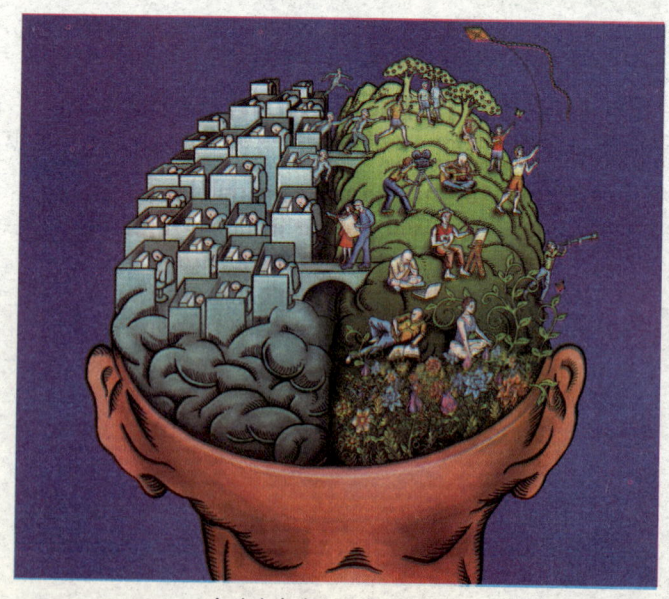

大脑左半球和右半球的分工

而右半球相比之下，曾被认为是相对落后的"次要半球"。然而，近年来的研究表明，右半球这个所谓"次要"的半球，实际上有着相当强大的认识理解能力。它有非言语性的、非数学的、非逻辑的视觉图形感知、空间感知、想象和综合的功能。

据国外媒体报道，有一个21岁的女子，自幼就右侧肢体偏瘫，每周至少发一次癫痫，每隔三四天丧失一次神志。最后，医生决定切除她的大脑左半球。令人惊奇的是，几星期后，那个女子右脑渐渐地支配她的右侧肢体了。从此，她开始了一种"积极的社会生活"。另一个病人出生后大脑左半球即有病变，后发展成巨大的左侧脑空洞畸形，但人们发现他除语言功能发育较晚外，其他无异于常人。

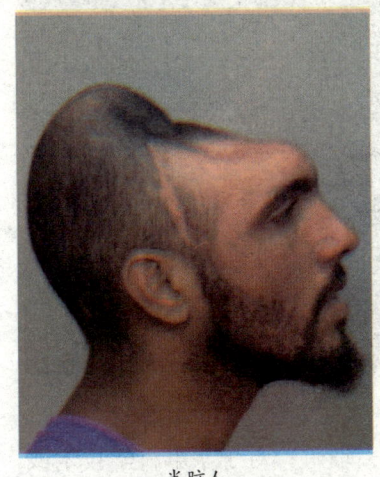

半脑人

可见，大脑每一个分离的半球，都具有自己较高的智力功能。科学家对一种"裂脑人"进行的测试表明，每一单侧的脑半球，都有运用它自己的知觉、概念、记忆的能力。笔者在十多年前也访问过一个切除大脑右半球已有23年的"半脑人"，她的语言、行走、知觉等功能均良好，可以熟练地编织毛衣，计算账目，阅读书报，从事烧饭、洗衣等家务劳动。

科学家由此认为，当大脑的两半球连接在一起时，由于左半球发挥着主导作用，从而抑制了右半球实际上存有的潜在性功能。也就是说，我们每个人的大脑右半球，实际上都存在极大的潜力，尚未被开发出来。

当然，大脑右半球这种潜在智力的发挥，存在着由于脑联合部的复杂性等带来的障碍，其真正的原因，目前还不能完全弄清。其实，整个人脑，也存在着巨大的潜力。人脑约有140亿个神经元，构成一个极其复杂的系统，是名副其实的"脑海"。我们平时的意识活动，只是调动了大脑能力的一小部分。因而，不少心理学家乐观地认为，展望人类智力开发的广阔前景，还有着雄厚的物质基础可以凭借。尤其是大脑的右半球，更显示着可贵的潜力。

由于右半球是专司图形识别、曲调感知、空间想象、综合等功能的，因而有人把它称为"艺术型"的半球。他们认为，人类的一切思维活动，尤其是从事科学和艺术创造这样的高级思维活动，

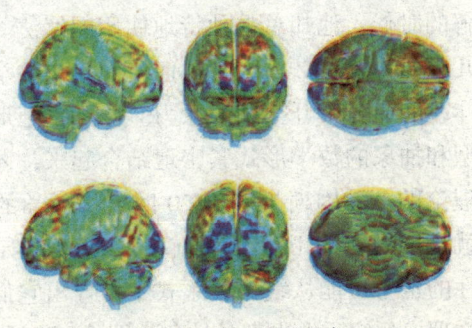

学习音乐帮助大脑开发

需要线性和综合两种思维方式密切协作以及左、右两个大脑半球之间的沟通和平衡。一个人如果片面地只使用大脑某一个半球，可能会造成某种心理病态和畸形发展。例如，艾萨克·牛顿的神经过敏和梵高的抑郁症就是这样造成的。单纯搞科学或单纯搞艺术的片面用脑者，在其创造性活动中往往会给自己制造痛苦，甚至产生某种危险。

梵高自画像（1888年）

梵高的作品《鸢尾花》

不管这种说法是否可靠，如果从积极的意义上去理解，对于从事科学技术或艺术的人来说，经常调换一下思维方式，以调节大脑两半球的工作状况，使两个半球保持一种积极的平衡，还是很有益处的。

实际上，图像思维、想象等非逻辑的功能，对于科学创造本身就具有重要的意义。物理学家就经常借助于这种智力图像进行直觉的思维。据说麦克斯韦就有把每个科学问题在头脑中形成形象的习惯。他早年在剑桥大学攻读数学，每当一个问题可以用数学分析法求解的时候，他却总是独特地使用图解法。他毕生崇尚几何而不是代数，因为几何使他集中注意想象物理实体，能充分展开空间想象力。他正是把形象的物理模型和抽象的数学形式紧密地结合起来，才完成了电磁理论的。爱因斯坦对于20世纪物理学的影响之一，就是把物理学几何化，他说："正确的定律不能是线性的也不可能从线性关系式中推导出它们来。"许多物理模型实际上也都是抽象的图像。像原子结构模型、

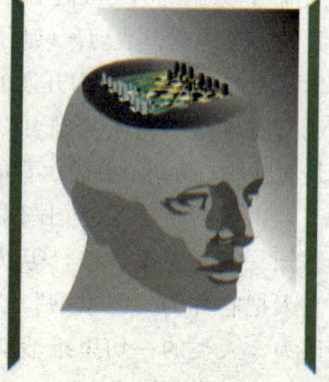

图像思维

夸克模型等物质的微观结构模型，都与某一种图像多少有着联系。不仅是物理学家，数学家也是如此。据说许多数学家是借助于模糊的图像进行思考的，"默识于心，闭目如在眼前"，这种空间思维能力，是研究数学的重要技巧，其他学科，如生物、医学、地质、工程等，就更需要图像识别能力和形象记忆能力了。

这种借助于形象或抽象图像进行空间思维的能力，也就是想象的能力。想象是一种特殊的人类才能，动物是不具有想象能力的。有人曾对狗做过这样一个实验：在它们的笼子外面设置三条地道，某条地道上方的灯一亮，门便打开了，狗进去后能得到食物，待狗形成这种条件反射后，就对上述实验程序稍作改变，某条地道上的灯在亮一下后，门不立即打开，而是先把灯熄掉，过几秒钟后，再让狗选择该走向哪条地道。结果，相隔不过10秒钟，狗就想不起哪条地道门口亮过灯了。缺乏想象能力的动物，是依靠别的非凡天赋来弥补这种不足的。例如，信鸽能千里归巢，据说是和地磁场有着一定的关系，是一种本能的机械记忆，它不能凭想象到达没有去过的地方，而人却能凭借想象，飞往从来未到过的月球和宇宙空间……

这种人类特有的想象天赋，恰恰是曾被认为"次要的大脑右半球"的功能表现。想象是大脑中形象的操作，想象在人类理性思维中，在从事科学的发现上，有着重要的意义。所以爱因斯坦说过："想象力比知识更重要。"富有创造性的想象力，是科学家的重要素质。英国物理学家廷德尔曾说："对于法拉第来说，他在各种实验之前和实验之中，想象力都不断作用和指导他的全部实验。作为一个发明家，他的力量和多产，在很大程度上应归功于想象力给他的激励。"他认为，实验和观测材料本身都是死的，只有通过想象力赋予它们生命，才能形成有活力的理论，所以"有了精明的实验和观测作为研究的依据，想象力便成为自然科学理论的设计师"。

因此，科学发明需要的想象力并不见得比艺术创作少。想象这种人类得天独厚的才能，是艺术和科学生根发芽、繁荣兴旺的共同基础。人类文化历史的发展表明，科学的伟大时代也同时是艺术的伟大时代。当想象力这种强大的精神之火在科学艺术中炽烈燃烧时，是不可能把它们约束于只是对苹果落地的想象和只是对神曲的想象之范畴的。伽利略和莎士比亚于同一年出生，成了同时代的伟人。事实证明，具有丰富想象力的人，无论是搞艺术还是搞科学，都会同样显示出卓越的才华。

发明家法拉第

科学中的艺术美——螺旋美的启示

想象力之一

想象力之二

想象力之三

"用则进,废则退",对于大脑功能的发挥来说,也是如此。一个人经常使用他的大脑右半球,其想象力会越来越丰富。这对于运用科学思维的人来说尤为重要。既然人的大脑两半球,尤其是右半球还有着巨大的潜力,那么,通过"多用"的途径,把这些潜力进一步发挥出来,我们的智力水平就可能达到更高的境地。

想象力之四

小资料

大脑潜力有多少

　　脑科学研究结果表明，人的大脑在理论上的信息储存量相当于藏书1000万册的美国国会图书馆的5倍，高达5亿本。但是，到目前为止，人类普遍只开发了大脑的5%，仍有巨大的潜能尚未得到合理的开发。

　　一个人的大脑只要没有先天性的病理缺陷，就可以说他拥有可以成为天才的大脑，只要大脑的潜能得到超出一般的合理开发，他的能力就不会比爱因斯坦逊色。

　　科学研究表明：人的大脑具有极强的可塑性，通过补充记忆增强肽，能激发脑细胞活力，促进脑细胞的生长发育和神经信息的传递，可以使大脑思维更加活跃，激发大脑潜能。

梵高

　　文森特·威廉·梵高（1853—1890年），荷兰后印象派画家。他是表现主义的先驱，并深深地影响了20世纪的艺术，尤其是野兽派与表现主义。梵高的作品，如《星夜》、《向日葵》与《有乌鸦的麦田》等，现已跻身于全球最著名、广为人知与珍贵的艺术作品行列。1890年7月29日，因精神疾病的困扰，梵高在法国瓦兹河开枪自杀，时年37岁。

图像思维

　　图像思维的历史悠久，图像思维发达是当代人类的特点，是对自然、人、社会和谐共融观整体感悟的重要途径。可以说，人类正在进入影像时代，图像思维是影像时代文化建设的重要组成部分，是数字化生存的重要形式。数字化生存正深刻改变着人类的工作和生活结构。

拓展思考题

　　1. 为什么说大脑右半球具有可贵的开发潜力？我们如何锻练自己的右脑？

　　2. 现在的阅读被认为进入了"读图时代"，人们每天都接触大量的图像，这对培养和提高想象力有什么好处？

古老的思想瑰宝

> 古代的东方，是人类文明最早的发源地，是一座蕴藏着古老文化的宝库。近年来，在西方科学界掀起了一股"东方思想热"。一些著名的科学家，对中国和印度的古代哲学、老子和庄周的学说、佛家的思想、古印度的梵经乃至中国的字画碑帖，都兴趣盎然，在那神秘的箴言、深奥的古籍之中，深岭探宝似的寻求着对现代科学发展的有益启示。

具有悠久历史的东方文明古国，孕育了灿烂的文化艺术，形成了一种独特的东方哲学思想。长期以来，这种东方哲学以其特殊的魅力，摄动着人们的心魄，在世界哲学史上有着重要的地位。东方哲学与东方的美学，以及诗歌、绘画、音乐、书法密不可分。例如，中国的绘画很重视虚实结合，往往一幅山水画中留下很大一块空白，但使人并不感到空，反而能产生浩渺无穷的遐想，这就同老子、庄子的哲学思想有着联系，他们认为宇宙是虚和实的结合，变动的世界最显著的表现就是有生有灭，有虚有实。万物在虚空中流动、运转，"有无相生"，"虚而不屈，动而愈出"。这种以实带虚、虚中有实的观点，作为中国的一种古老哲学思想，体现在很多的艺术作品中。譬如中国园林的虚实结合、中国戏曲用简单的布景来表现舞台环境的丰富多彩、中国书法家的"计白当黑"，等等，都说明了这个问题。不仅如此，而且还反映在中国古代的科学思想中，包括与中医、气功的精髓，都有着一脉相承的联系。中医的气和气功的意虽虚无缥缈，却着实解决了许多实际的病症，可谓"不以虚为虚"也。

这种东方哲学的玄奥，已引起了许多现代科学家的浓厚兴趣。我国天体物理学家曾讲到这样一件事：1981年，著名美国物理学家惠勒教授应邀访问我国，一天晚上在观赏根据《封神演义》中的故事改编的舞剧《凤鸣岐山》时，当他了解到姜子牙手中指挥一切的旗帜上写的是一个"无"字时，兴奋极了，一定要记下这个"无"字。原来，他正倡导着"质朴性原理"，即物理学的对象是从几乎一无所有达到几乎所有一切的。没有想到，这种科学哲学观，竟在中国古代"有生于无"的道家思想中找到了先驱。惠勒教授说，他早就为中国的文明所倾倒。40多年前，他和他

美国物理学家惠勒

的夫人刚认识时,他赠给她的第一件礼品就是一对中国古瓷花瓶。在他看来,中国的文化艺术是当今世界上最珍贵的精神宝库。他为中国能有这样丰富的思想财富而感到羡慕,曾深情地对中国科大学生说:"我想在你们中国会出现这样的人,他们的伟大发现将高过玻尔和爱因斯坦。物理学并没有结束,它正在开始!"

丹麦著名物理学家、量子论的创始人之一玻尔,1937年访问中国时,就说到中国古今伟大思想家的真知灼见令人倾倒。那时,玻尔正在从事量子论的研究。1932年,他得出这样一个结论:任何一个经典概念的彻底应用,虽然总是要排斥其他的经典概念,但这些不同的经典概念对解释新的现象又是同样必要的。在西方,这种并协观念似乎是革命性的,一般使人难以接受,连爱因斯坦都称其为"绥靖哲学",并与玻尔展开了一场辩论。然而,在玻尔来中国以后,他高兴地发现,在东方,并协观念乃是一种自然的思想方法,早在中国古代文明中就有它的先例,如"阴阳"图就是并协原理的一个最好标志。"阴阳大化,风雨博施,万物各得其和以生"《荀子·天论》。中国古代哲人描述的这幅阴阳并协的图景,不正是玻尔科学思想的一个渊源吗!

的确,世界是一个整体,人类的文明是一个整体,近代科学就是从这个整体中繁衍出来的。科学之所以有今天,是与它赖以生长的过去分不开的。古代的东方,是人类文明最早的发源地,是一座蕴藏着古老文化的宝库。因此,近年来,在西方科学界掀起了一股"东方思想热"。一些著名的科学家,对中国和印度的古代哲学、老子和庄周的学说、佛家的思想、古印度的梵经乃至中国的字画碑帖,都兴趣盎然。20世纪的现代科学家,在那神秘的箴言、深奥的古籍之中,深岭探宝似的寻求着对现代科学发展的有益启示。

奥地利物理学家薛定谔曾悉心钻研古印度的

玻尔和爱因斯坦

商羯罗：印度中世纪吠檀多不二理论家

"吠檀多"哲学。这种哲学大约出现于公元2世纪，它的中心思想是"梵我同一"。"梵"即宇宙精神，"我"即自我、个人。吠檀多哲学认为，这两者之间的关系，就像一块有许多剖面的晶体，它能把宇宙的存在表现为许多它的小图像，因此，从这个意义上说，宇宙和我是同一的，"梵"就是我，我就是"梵"，一切存在都有着连续性、同一性。据说薛定谔曾由此得到了关于生命本质的启发。

核物理学家弗·卡普拉在他的《物理学之"道"》一书中说：现代原子物理学已清楚地表明，对物理学上的"实在"这一概念的描述，已超出于一切普通语言。在电子、原子世界中，时间和空间的概念，物质客体可分性观念，对因果性的一般理解，已不是宏观世界所能理解的意义了。例如产生了一系列在常识范畴内不可思议的情况，如质量和能量可以相互转换；辐射"不完全"是波，也"不完全"是粒子，时间不是均匀地流逝……这一切似乎神秘的现象，却如此地与东方的哲学、美学、佛学、道家思想中的一些观点相吻合，简直令人惊讶！

卡普拉进一步举例说：目前，物理学家都试图把各种不同的场统一成一个唯一的、基本的场，爱因斯坦晚年就致力于寻求这样一种统一场。而这种思想，就与古代东方的哲学思想很相似。印度教徒的"梵"、佛教徒的"法身"、道家的"道"，"透过它们的神秘主义"，也许就包含有这种统一场的思想。这些神秘的"梵"、"道"，常被说成是无形、无、空。但这种空并非什么也没有，而是所有形体的基础，是一切生命的源泉。

卡普拉说：在东方的"圣人"谈到"梵"、"道"时，他们都明确指出这不是一般的空无，而是具有无限创造潜力的空无。像原子物理学中的量子场一样，这种"空无"产生了无限多样的形体，它生养它们，甚至重新吸收它们。

一切从之而生，

一切归之而去，

生之气息，

存于其中。

这种神秘的"空"不是静止的、恒久的，而是运动的、暂时的，它们在运动和能量的不停的"舞蹈"中产生和消失，"生而复死，死而复生"。尽管这些说法具有神秘主义的宗教色彩,然而其所包含的某些哲理与现代物理学的"真空"说极其相似。现代物理学已发现"真空"并不空,相反它包含着无数的粒子,它们在无休止地产生和湮没着,于是又表现为似乎什么也没有。其实,真空中蕴藏着粒子世界的所有形体;或者反过来说,某一基本粒子的出现,其实也只是"真空"的瞬时表现。这不就如佛经所说:"色即是空,空即是色"吗?

由此可以理解,为什么老庄的思想、顿悟的禅宗、印度的"梵经"会如此吸引人们。令人思索的是,现代科学通过巨型加速器,不辞千辛万苦地追踪强子、电子、光子及气泡空中其他各种神秘的粒子轨迹所得出的深刻思想,在古代和中世纪印度及中国的思想家那里,怎么会早就如此接近地表现出来呢!

核物理学家弗·卡普拉

英国著名学者、中国科技史专家李约瑟教授在谈到中国古代哲学思想时说:"这可能是中国文化奉献给世界的无价之宝。"美国预应力专家林同炎教授回上海探亲时曾对笔者说,他能在美国工程界获得出色成就,其重要原因是因为具有东方哲学、文化、艺术的素养,而这是一般西方工程技术人员所没有的。他的工程设计之所以能出奇取胜,独具一格,与这种素养的作用是分不开的。所以现在国外有的建筑家,也利用中国的老庄哲学、字画理论来打开思路。他说:在国外的华裔学者不要忘了,自己能有成就,离不开幼小受到的东方文化教养。因此,他特地把自己的子女送回国内读书,补上这一课。

惠勒、玻尔、李约瑟、林同炎,这些著名学者的看法很值得我们深思。作为生长在东方文明之国的我们,自然更应重视东方文化的遗产,挖掘出其中的珍宝,剔去那些唯心主义、神秘主义的糟粕,取出其合理的内核,以更好地为今天的社会服务。

小资料

惠勒

约翰·惠勒（1911—2008年），美国著名的物理学家、物理学思想家和物理学教育家。曾任美国物理学会主席。惠勒曾参与美国"曼哈顿"计划，在核裂变研究领域获得创造性成果，选定铀-235作为制造原子弹的原料，是第一位从事原子弹理论研究的美国人。为了解释宇宙中大质量超巨星坍缩时产生的现象，惠勒创造了"黑洞"这个相当简洁、贴切、概括性的词语。此外，他还创造了诸如"虫洞"和"量子泡沫"等词语，并且成为物理学中的重要术语。

吠檀多

吠檀多，古印度六派哲学之一，是影响最大的一派。吠檀多派的哲学思想对于近、现代印度哲学仍有深刻的影响，近、现代著名的思想家如泰戈尔、奥罗宾多·高斯、薄伽梵·达斯等人都是这种学说热诚的信仰者，并把这种思想传到欧美各国。

拓展思考题

1. 东方文化是一座思想的宝库，你能从自己受东方文化的熏陶中谈谈对于学习自然科学的益处和体会吗？

2. 作为一个东方人，你认为东方文化对于自己今后的成长和发展能够带来什么样的影响作用？

第二章 科学的艺术家

科学的艺术家——爱因斯坦

爱因斯坦深信科学创造和艺术创造是相通的，人类智慧的这两个领域都有一个共同的源泉所哺育——这就是对于未知事物的憧憬。他说："音乐和物理学领域的研究工作，虽不属于同一个族系，但彼此之间却有着相同的目的——力求反映出未知的东西，在这方面它们是相辅相成的。"正是借助于艺术的思维方式，他在科学创造过程中将逻辑思维和形象思维成功地结合在一起。这对于今天的科学研究，仍将发挥巨大的影响。

20 世纪的著名科学家中，恐怕再也没有谁能获得像爱因斯坦那样的盛誉了。当爱因斯坦逝世时，在简单的葬礼上，他的遗嘱执行人奥托·纳坦朗诵了歌德的诗："他像行将陨灭的彗星，光芒四射，把无限的光芒同他的光芒相连结。"确实，这颗科学巨星的光芒始终照耀着当代物理学的发展。正如诺贝尔奖获得者拉曼所说：

爱因斯坦

"当代物理学中几乎没有什么概念不是导源于他的著作。一个人的思维能为人类的智慧宝库提供如此丰富的财富,这是科学史上的奇迹。"

　　为什么这位伯尔尼瑞士专利局三级技术员出身的物理学家能成为20世纪现代物理学的思想先驱,并通过自己的卓越贡献,使当时被视为物理学天空中的一朵乌云,化为开辟物理学新世纪的曙光?很重要的原因在于,爱因斯坦的科学思想、研究方法有独到之处。他突破了自培根以来为一般科学家所接受的归纳法,而更多地重视想象、直觉等非逻辑方法的作用。他把形象思维、艺术思维的方法融入科学思维之中,使科学发现获得新的活力。正如霍夫曼所评价的:"爱因斯坦的方法,虽然以渊博的物理学知识为基础,但在本质上是美学的、直觉的","他是科学家,更是科学的艺术家"。

　　研究爱因斯坦的科学美学思想,探索他是怎样把科学和艺术结合起来,这对于我们许多以爱因斯坦为榜样,立志于献身科学事业的年轻人,有着重要的意义。

　　爱因斯坦极其热爱大自然。他认为体验自然之美,激发探索自然奥秘的热情,是科学研究的重要前提。他喜欢美丽的风景、色彩和宁静的阳光、湖岸,喜欢驾着帆船出游,这往往是他紧张工作之余的最好休息。此时,他轻轻地掌着舵,让船缓缓地顺流漂去,任凭思绪在水天之间驰骋。爱因斯坦认为,身处于大自然的阳光、空气和草木之中,能使一个人回归到近于孩童的纯真心理,而这正是一个科学家进行创造性思维的良好状态。他对自然风景之美怀有深切而天真的喜悦,甚至在童年获得的对大自然的感受,一直深刻地影响着他的整个科学生涯,直至晚年仍然使他记忆犹新。

生活中的爱因斯坦之一

生活中的爱因斯坦之二

生活中的爱因斯坦之三

生活中的爱因斯坦之四

爱因斯坦认为,这种对大自然的感受,和在科学研究中纯粹理性的心理,两者是密切相关的。正是这颗同自然相通的心,使爱因斯坦对自然美充满了一种崇敬之情,从而获得了探索自然奥秘的巨大动力。正如他自己所说的:"促使人们去做这种工作的精神状态是同信仰宗教的人或谈恋爱的人的精神状态相类似的;他们每天的努力并非来自深思熟虑的意向或计划,而是直接来自激情。"

这种激情,体现在爱因斯坦的整个工作和生活之中,形成了爱因斯坦可贵的性格、作风和精神。我们在许多有关他的逸事中,已熟知他是怎样不拘小节,甚至外出时会忘记自己家的地址。对于一个以科学事业为生命,将整个身心沉浸于探索自然之谜的人来说,这种精神状态是十分普遍的。就如居里夫人所说:"科学的探索研究,其本身就含有至美。"物理学家卢瑟福也说:"没有比在几乎是未经勘探的原子核世界里漫游更令人神往了。"在爱因斯坦、居里夫人、卢瑟福这些科学家那里,心灵美和自然美互为关照、融通于一了。

然而,爱因斯坦不只是停留于对自然美的赞赏和感受,而是力图从自然美升华到对科学美的理性认识。他说:"在我们之外有一个巨大的世界,它离开我们人类而独立存在,它在我们面前就像一个伟大而永恒的谜,然而至少部分地是我们的观察和思维所能及的。对这个世界的凝视深思,就像得到解放一样吸引着我们。""我自己只求满足于生命永恒的神秘,满足于觉察现存世界的神奇结构,窥见它的一鳞半爪,并且以诚挚的努力去领悟在自然界中显示出来的那理性的一部分,即使只是其极小的一部分,我也就心满意足了。"

那么,什么是自然美的这种理性显示呢?爱因斯坦认为,科学美在本质上就是简单性，即要"从尽可能少的假设或公理出发，通过逻辑的演绎，概括尽可能多的经验事实"。这种简洁的美，说明理论已经过反复的锤炼，去伪存真，把握了现象的本质所在。因而，简单就意味着深刻、广远，具有更大的理论概括力，"神远而含藏不尽"，简洁的形式包含了无限丰富的内涵。这正是科学理论追求的目标。"人们总想以最适当的方式来画出一幅简化的和易领悟的世界图像。"爱因斯坦曾这样说到科学家的探索动机。

爱因斯坦在思考

爱因斯坦从这个简单性原理出发，认为整个自然界应该是和谐的、统一的，科学的任务就在于从纷繁复杂、盘根错节的自然之网中找到联系的纽带，使世界统一在一幅和谐的图景之中。他提出的著名公式 $E=mc^2$ 就体现了质能的统一。这个仅有三个字母的公式，简美而宏大，将整个自然界中质量与能量的转化关系，清楚明确地表现了出来。这个公式第一次深刻地揭示：如果将 1 克质量中所蕴藏的能量释放出来，将相当于 2000 吨汽油燃烧所产生的巨大能量。这真像神话中的"魔瓶"，被爱因斯坦发现了其无穷的神力。正是这么一个简单的公式，导致了整整一个原子能时代的开始，并在人类历史上最为生动地显示了科学技术所具有的巨大力量。

而爱因斯坦的目的是要使整个宇宙也统一起来，这就导致了他的狭义相对论和广义相对论。相对论突破了牛顿力学的框架，但又把牛顿力学作为一个特例，包含于这一新的体系之中。许多物理学家都认为这是物理学史上，甚至是科学史上最完美、最精湛的理论。就如物理学家罗布德意所言：广义相对论的"雅致和美丽是无可争辩的，它应该成为20世纪数学物理学的一个最优美的纪念碑而永垂不朽"。

爱因斯坦纪念邮票

这种对科学美的追求，使爱因斯坦的思想能够超越时代的限制，在物理学的一些重大问题上做出天才的预见。爱因斯坦在他的后半生致力于统一场论的研究，这是他一生中追寻自然界统一图景的探索中最为艰苦的一部分，先后占据了他30年时间。但遗憾的是，他并没有取得成功，因此遭到当时一些物理学家的批评，甚至认为是他晚年"年老糊涂"所致，尽追求一些不可捉摸的东西。1955年爱因斯坦逝世时，大多数物理学家认为统一场论已没有什么希望。然而，现在我们知道，关于统一场论的研究，又成了物理学中最重要的内容。这再一次地体现了爱因斯坦的睿智远见。爱因斯坦在广义相对论中预测的引力波，2014年也被科学观测找到了存在的证据。

我们知道，爱因斯坦在童年时代并不是一个"神童"。他缺乏很强的记忆力，特别苦于记单词和课文，以至被他中学时的一名希腊文教师斥之为"你将一事无成"。但这个平庸的中学生后来竟成了科学史上最光彩夺目的人物之一，究其原因，除了爱因斯坦在科研精神和方法上有许多独特之处外，恐怕还借助于他的艺术素养。他对美有敏锐的感受力。他从小就喜欢音乐，6岁开始学拉小提琴。他对五彩缤纷的大千世界具有强烈的好奇心，并将这种探索精神与对美的深刻领悟相互交织在一起，使他的思维习惯于艺术创造的方式，正如他自己所说的："我的思维大体上不是通过文字进行的，而是不由自主地进行的。"当他拉起莫扎特、巴赫、海顿、贝多芬的作品时，当他扬帆于苏黎世湖上，陶醉于大自然的美丽和深奥时，他会随着音乐和清风的节奏，快乐地沉湎于丰富的想象之中。正如人们所说：他的创造性工作有一种艺术的秩序。他深信科学创造和艺术创造是相通的，人类智慧的这两个领域都有一个共同的源泉所哺育——这就是对于未知事物的憧憬。他说："音乐和物理学领域的研究工作，虽不属于同一个族系，但彼此之间却有着相同的目的——力求反映出未知的东西，在这方面它们是相辅相成的。"这位伟大的物理学家正是借助于艺术的思维方法，在科学创造过程中将逻辑思维和形象思维成功地结合在一起。这对于今天的科学研究，仍将发挥巨大的影响。

引力波

小资料

统一场论

统一场论，是指统一地描述和揭示基本相互作用的共同本质和内在联系的物理理论。迄今人类所知的各种物理现象所表现的相互作用，都可归结为四种基本场的相互作用，即强力相互作用、电磁相互作用、弱力相互作用和引力场相互作用。爱因斯坦把他后半生的精力用于建立揭示这四种相互作用内在联系的统一场理论。

狭义相对论

1905年6月30日，德国《物理学年鉴》接受了爱因斯坦的论文《论动体的电动力学》，在同年9月的该刊上发表。这篇论文是关于狭义相对论的第一篇文章。狭义相对论所根据的是两条原理：相对性原理和光速不变原理。

建立广义相对论

1916年，爱因斯坦完成了长篇论文《广义相对论的基础》，广义相对论认为，由于有物质的存在，空间和时间会发生弯曲，而引力场实际上是一个弯曲的时空。1919年，英国派出了两支远征队分赴两地观察日全食，经过认真的研究后证实了爱因斯坦根据广义相对论的预言：星光在太阳附近的确发生了1.7秒的偏转。

光电效应

1905年，爱因斯坦提出光子假设，成功解释了光电效应，因此获得1921年诺贝尔物理奖。

光照射到金属上，引起物质的电性质发生变化。这类光变致电的现象被人们统称为光电效应。

拓展思考题

1. 爱因斯坦不仅是一位伟大的科学家，而且是一位科学的艺术家。我们能从爱因斯坦的身上得到哪些有益的启示和借鉴？

2. 爱因斯坦的科学思想和科学方法，对于怀揣科学梦的年轻人，有什么重要的学习意义？

诗国的科学天才——歌德

> 歌德认为:"半部的知识就是知识的障碍。"……"我们必须把科学当作艺术,然后才能从科学中得到完全的知识——为满足我们这个要求起见,不论我们哪一种的能力,都要拿来供科学的役使。一切我们的想象和见解,以及数学、物理学的深奥和正确,高超的理性和见解,活泼的幻想和欢喜的感觉,都是研究的不可缺少的因素。"

壮丽的地球自行旋转,
天堂般的白昼跟恐怖、
深沉的黑夜交替循环;
大海从海底岩石深处
奋然汹涌出洪涛万顷,
大海和岩石又被卷入
永远迅速的天体运行。

《浮士德》

笔者喜欢歌德的诗,那宏伟的气魄,绮丽的想象,隽永的铭言,深邃的哲理,使笔者仿佛置身于高山峻岭之上,沐浴着崇高智慧的光芒,巡视着人生和自然的纷繁画面。笔者更仰慕歌德的渊博知识,他既是一位文学家、艺术家,被誉为"诗国的王者",又同时是自然科学家。他能以艺术家的细腻和豁达来看待自然万物的交替变幻和彼此联系,又能以科学家的审视力洞察世间万物,使他的文学作品具有类似科学定理般的深刻性、概括性,将世间万物的真谛若

歌德作品《浮士德》

无其事地剖析于他的笔下。他是兼有诗人气质和科学家头脑的一位伟人。

歌德所生活的18世纪下半叶至19世纪初，正是自然科学开始大踏步前进的时代。这一时期，自然科学的重大发现比以往任何时代更丰富。孩提时代的歌德，就

富兰克林捕捉雷电

受到这种追求自然真理的风气影响，对科学怀有极大的好奇心。譬如，富兰克林所做的著名的"风筝实验"，把天上的闪电引入了"莱顿瓶"，这件事给了歌德深刻的印象。

19岁时，他受好奇心所驱，在家里一个带蒸发槽的小炉灶上，试图用玻璃烧瓶净化药用盐，取得了一种透明的液体。这一化学实验，引起了他很大的兴趣。当时，自然科学各个领域的发现一个接着一个，提出星云假说的康德、发明蒸汽机的瓦特、发现天王星的赫歇尔、提出原子论的道尔顿、提出地质进化均变说的赖尔等科学家，都是与歌德同时代的人，这种探索和追求自然真理的气氛，这一系列接踵而至的重大科学发现，不能不使歌德处于激动、兴奋之中。他受到自然科学家的深深感染，以比一般的文学家更多的热情，倾注于这迥然相异的另一领域："大自然，我们被她包围和拥抱——没有力量离开她。也没有力量更深地沉入她的体内。她不邀自来，毫无成见地吸引我们参加她的环舞……"

歌德对自然科学有着广泛的兴趣。他研究过矿物学、地质学、比较解剖学、植物学、颜色学，而且走的是自己独

发明蒸汽机的瓦特与歌德同时代

特的道路。他不是拘泥于狭隘的具体专业，而是力图从中找到自然科学的一般规律。正因如此，他能同时驰骋于多个领域，并表现出专业科学家也未必具备的天才思想。1784年，他曾激动地给人写信说："3月27日夜，我所发现的——既不是金子，也不是银子，而是一种给我带来无法形容的喜悦的东西。我发现了人的颌间骨。"当时，颌间骨被认为只存在于动物身上，而人类是不存在颌间骨的，这被认为是人区别于猿猴的标志之一。而歌德却获得了专家没有得到的重要佐证，从而证明了人与动物之间有着天然的联系。歌德认为生物间的演化是有联系的。他在一篇论文中写道："一道什么样的深渊，横亘在乌龟和大象之间。但不管怎么说，我们还可以在这里找到一系列联系着两者的中间环节。"他还发现，人的头盖骨有两个未填满的空洞，他认为这两个空洞是动物头盖骨的特征，在较低级动物的头盖骨上，这两个空洞还要大些，这说明人是动物演变而来的。他还研究过植物变形学，认为一切植物间有着普遍的变形规律，并且都是由一种原始的植物演变而来。于是，他创造了一门新学科——植物变态学。他认为，在植物界，每一种物种形式都源出于一种共同的、原始的形式，一些即使变得不需要的器官也会以一种萎退的形式保存在机体之内。借助于变异，一个物种逐渐获得更高程度的发展。就这样，歌德道出了达尔文进化思想的底蕴，而且比达尔文早了整整70年。恩格斯曾赞扬歌德的这些思想是"预示后来的进化论的天才猜测"。

歌德还花费相当多的精力，研究颜色学。他曾这样谈到自然科学对他的益处："如果我没有在自然科学方面的辛勤努力，我就不会学会认识人的本来面目。在自然科学以外的任何一个领域，一个人都不能像自然科学里那样仔细观察和思维，那样洞察和感觉人物性格的弱点和优点。"直到60岁时，他在给自己拟定的工作计划中还包括这样一项内容："借助于望远镜和月面学，研究一下月球结构。"为此，他在一首诗中说：

你们像天国的梦
翱翔在无限的星空，
星空啊，光华闪烁，
洒满了你们的歌声。
……
嬉戏吧，创造吧，
依偎着无形的太空……

对自然科学和文学艺术共同的深刻理解，使歌德能同时兼蓄两方之长，以自然科学的知识和科学思维的能力扩大他作为文学家的学识和修养，并同时用文学艺术家的长处，补充自然科学家的局限性。歌德善于观察、善于思索。当他在观察自然现象时，他看到的是现象与现象之间的联系，此现象向彼现象过渡及发展的渐进性。他常常通过一些偶然的现象得出一些新颖、深刻的思想。他说："这种罕见的现象发生在我身上就像诗歌在我心灵产生一样。"

文学艺术的创作需要丰富的想象力，而这种能力在科学研究中也十分重要。歌德提倡自然科学家应培养自己的想象力，他说："一个伟大的自然科学家根本不可能没有想象力这种高尚的资禀。我指的不是脱离客观存在而想入非非的那种想象力，而是站在地球的现实土壤上，根据真实的已知事物的尺度，来衡量未知的设想的事物的那种想象力。这样才可以证实这种设想是否可能、是否不违反已知规律。这种想象力的先头条件就是要有开阔的冷静的头脑，把活的世界及其规律都巡视遍，而且能够运用它们。"

歌德著作《少年维特的烦恼》

尽管歌德所处的那个时代，自然科学已取得了出色的成就，但大多数科学家在注意精细入微的观察、实验和分析时，却往往忽视想象力的作用。歌德的这些见解，对于科学研究至今仍有重要的价值。歌德说过："我们的发展要归功于广大世界千丝万缕的联系和影响，从这些影响中，我们吸收我们能的和对我们有用的那一部分。"歌德从自然科学领域吸取了丰富的营养，直到晚年，他还深入研究天文学，常常在深夜打开窗户，寻找天空中的猎户星座，计算着什么时候火星接近金星。他对整个宇宙的问题考虑得很多，认为大自然"和谐得像音乐一样"。他认为理解自然和艺术之间的关系十分重要，他说："半部的知识就是知识的障碍。"因此，"我们必须把科学当作艺术，然后我们才能从科学中得到完全的知识——为满足我们这个要求起见，不论我们哪一种的能力，都要拿来供科学的役使。一切我们的想象和见解，以及数学、物理学的深奥和正确，高超的理性和见解，活泼的幻想和欢喜的感觉，都是研究不可缺少的因素。"像歌德这样能兼取文学艺术和自然科学之长的"通才"，在当前自然科学和社会科学越来越走向交汇、融合的情况下，更显得需要。愿我们的时代出现更多的达·芬奇和歌德式的人才。

小资料

歌德

约翰·沃尔夫冈·冯·歌德（1749—1832年），出生于美因河畔法兰克福，德国著名思想家、作家、科学家，他是魏玛的古典主义最著名的代表。而作为诗歌、戏剧和散文作品的创作者，他是最伟大的德国作家之一，也是世界文学领域一个出类拔萃的光辉人物。他在1773年写了一部戏剧《葛兹·冯·伯利欣根》，从此蜚声德国文坛。1774年发表了《少年维特之烦恼》，更使他名声大噪。他的代表作有《少年维特的烦恼》、《浮士德》、《哀格蒙特》、《亲和力》、《论色彩学》等。

拓展思考题

作为文学家的歌德对于自然科学有着浓厚的兴趣，这说明了广泛的知识面和多学科的跨度，与专业发展不但并无矛盾，而且能够相得益彰。这对于我们正处在学习阶段的青少年，有什么启发和借鉴意义？

个性、风格、学派

科学创造和艺术创造尽管有不同的规律和特点，但两者有着密切的联系。譬如，无论是艺术或科学的创造，都需要敏锐的观察力、丰富的想象力，以及相当的学识功底。《文心雕龙》曾把艺术风格的个性差异归结为艺术家的"才、气、学、习"，即才思、气质、学识、兴趣习惯。这对于科学研究者来说，也是十分重要的。这方面的差异，形成了他们不同的风格类型。在国际学术界，围绕着同一研究对象，往往形成不同的学派。学派对学术繁荣、科学发展具有重要的作用。

"文如其人"，文学艺术作品往往体现出创作者的个人风格。鲁迅的杂文尖锐深刻，郭沫若的诗歌浪漫深沉，罗丹的雕塑生动逼真，齐白石的绘画笔简意丰……风格即是某一种艺术形式所特有的表现方法，更是艺术家在创作思想和表现方式上的个性特点。像国画和雕刻、音乐和诗歌，在风格上就有所不同。清代沈德潜在《说诗晬语》中说："读太白诗，如见其脱屣千乘；读少陵诗，如见其忧国伤时。其世不我容，爱才如渴者，昌黎之诗也；其嬉笑怒骂、风流儒雅者，东坡之诗也。即下而贾岛、李洞辈，拈其一章一句，无不有贾岛、李洞者存。"这生动地描述了李白等诗人的作品"性情面目，人人各具"的个人风格。

类似艺术家的这种个人风格，在科学家的身上也同样存在着。玻尔兹曼说过："既然一个音乐家能从头几个音节辨认出他的莫扎特、贝多芬和舒伯特，那么一个数学家也可从头几页文章中辨认出他的柯西、高斯、雅可比、赫姆霍兹或哥切霍夫。法国作者以他们优雅的风度来表现自己，而英国人，特别是麦克斯韦，是以他们引人注目的判断力来表现自己的。"

科学家的个人风格，往往体现在他的研究特点、思维方法等方面。这在一些著名科学家身上都表现得十分明显。例如，爱因斯坦非常重视自由的想象和数学思维，他在一次演讲中曾说："理论物理学的公理基础不能从经验中抽取出来，而必须自由地发明出来……但是这种创造的原理却存在于数学之中。因此，从某种意义上说，我认为，像古人所想的，纯粹思维能够把握实在。"

当然，爱因斯坦并不认为物理学可以离开严格的实验，但实验毕竟要受到人类活动范围和物质条件的局限，因而提出像相对论这样的革命性思想时，必须更多地依靠思想实验和数学理论。正如他所说的："理论科学在越来越大的程度上被迫以纯数学的、形式的考虑为指导……理论家从事这样的工作，不应该吹毛求疵地认为他们是'富于幻想'；恰恰相反，他们应该有权让自己的想象力自由奔驰，因为要达到目的没有别的办法。"

两次诺贝尔奖获得者、英国分子生物学家桑格博士则注重实验研究，他说："我很喜欢做实验，用自己的手证明自己的想法，本身就是一种享受。"桑格几乎每天都在实验室工作14小时以上。分子生物学的实验，需要极其认真和一丝不苟的作风，而实验的内容除了要证明的那一步外，其余都是成熟的、常见的步骤。但在桑格所在的英国医学研究委员会分子生物学实验室，许多有名望的科学家仍自己动手做实验。桑格第二次荣获诺贝尔奖时，许多人前来祝贺，有的还认为他已获得了如此巨大的成就，一定可以轻松一阵了，然而桑格只是第二天稍事休息了一下，第三天一早，就又来到实验室，坐在他已坐了十几年的硬板凳上，专心致志地开始了实验工作。另外，桑格从不写综合性的文章，他写的都是经过严格实验证实的研究报告。严谨、踏实、富有创新精神，这些构成了他的研究风格。

与文艺作品的强烈个性色彩不同，自然科学的发现是揭示物质世界的客观规律，而这些规律本身并不会打上揭示者个人的烙印，无论谁去发现、认识它，真理的内容都一样的；然而，承认科学上伟大发现的这种客观必然性，决不意味着否认学者个人的作用，包括他的个性特点、研究风格在科学创造中的作用。沃森和克里克建立了核酸DNA的双螺旋形模型后，克里克告诉人们说："与其相信沃森和克里克证明了DNA结构，我毋宁强调DNA结构成全了沃森和克里克。"但是，许多人还是认为，他们之所以能得出这一重大发现，固然有当时的时代必然性，但他们的个人研究特点还是起了相当重要的作用。譬如，克里克有着异常清晰的分析头脑和迅速洞察任何问题本质的能力，这可能同他是学物理的有关；而沃森原来是学动物学的，当时他已看出将果蝇作为最好的遗传学材料的时期已经过去，因而开始对噬菌体进行研究。当他了解到一切基因都是由DNA组成时，立即意识到阐明DNA结构在了解基因是如何复制上将是主要的一环。不久，在牛津举行的微生物会议上，讨论病毒繁殖的本质时，几乎很少有人对阐明DNA的结构功能有兴趣，而沃森独具慧眼，和克里克两人充分利用多学科的

两次获诺贝尔奖的桑格

研究成果，发挥综合能力，彼此互补，密切配合，终于超越别人而首先获得了成功。可见，当科学上的重大发现成为某一时代的历史必然时，做出这一发现的科学家的个人学术造诣、创造才能、研究风格等因素，仍起着重要作用。

《文心雕龙》

"风格"一词，原指人的风神标格，后又引申为艺术家的思想、艺术特点和独创性。北魏祖莹云："文章当自出机杼，成一家风骨。"即文章的构思谋篇，应有自己的特点，形成独家风格。可见风格和创造性有着密切的联系。离开了创新，一味沿袭守旧，自然是无"风格"可言的。科学创造和艺术创造尽管有不同的规律和特点，但两者有着密切的联系。譬如，无论是艺术或科学的创造，都需要敏锐的观察力、丰富的想象力，以及相当的学识功底。《文心雕龙》曾把艺术风格的个性差异归结为艺术家的"才、气、学、习"，即才思、气质、学识、兴趣习惯。这对于科学研究者来说，也是十分重要的，而这方面的差异，就形成了他们不同的风格类型。

"发明大王"爱迪生才思敏捷，据说他一生有近2000项发明，几乎每5天就作出了一项发明。但他的功力主要在构思上，一种新的设想一旦产生，他能很快就画出草图。但草图离成果还差一大截呀，这时他的几名助手就发挥不同的才能了，有一名助手能迅速地把爱迪生的草图变成精确的图纸，另一名助手又能很快根据图纸做出模型。这些有不同才能、特点的人同爱迪生结合起来，才能形成这个20世纪初最著名的"发明工厂"。

第二次世界大战结束的那一年，一名名叫杨振宁的23岁中国学生来到美国，决心跟随著名物理学家费米研究物理学。

发明大王爱迪生

著名物理学家费米

著名物理学家爱德华·特勒

吴健雄

费米后来把杨振宁介绍给另一位著名物理学家爱德华·特勒。当时杨振宁选择的是实验物理学，然而特勒发现这名年轻的东方学生的气质更适宜于搞理论物理学，于是帮助杨振宁转变了研究方向。10年后，杨振宁和李政道在擅长搞实验物理学的吴健雄帮助下，终于在宇称守恒问题上提出了新的见解，获得了诺贝尔物理学奖。

贝弗里奇在《科学研究的艺术》一书中曾提到过各种不同类型的科学家。譬如，有的是"猜测型"，他们先提出假说，然后用实验加以证明；有的是"积累型"，这类人先积累资料，直到结论或假说瓜熟蒂落，水到渠成。还可分为"古典型"和"浪漫型"，前者的主要特点是使每项发明臻于完善，工作方法有条不紊；后者有

吴健雄工作照

贝弗里奇

哥本哈根学派创始人玻尔

一大堆设想,但研究时往往失于肤浅,不能彻底解决问题。这些不同类型的人可以互相补充,相得益彰。例如,"浪漫型"的人适宜做探索工作,而"古典型"的人则适宜于发展性的研究。因而在有的研究机构中,先由"浪漫型"的人随意设想,一旦这些人发现某个可能有价值的设想时,这个设想就由"古典型"的人去检验并充分发展。

布鲁塞尔学派的创立者普里高津

现代的文学艺术家很强调风格的多样化,各种不同的艺术风格"百花齐放"、"各极其变,各穷其趣"。这对于繁荣文艺创作是很重要的。然而,对于科学研究的个人风格,人们往往忽视了,至今少见提倡。其实,研究风格的丰富多彩对于促进科学发展也是很重要的。譬如,我们经常讲到学派,现在国际上围绕着同一研究对象,往往形成许多不同的学派。学派,就是具有共同研究风格和学术观点的人组成的联合。每个学派都有自己的创立人,如哥本哈根学派的玻尔,布鲁塞尔学派的普里高津。这些学派创立人的研究风格,往往吸引许多有相同气质的学者形成一个学派,具有共同的风格基础。当然,在同一学派内,每个研究者的风格也仍保留着不同的特点。只有这样,才能从不同的侧面、角度,采用不同的方法和途径,揭示科学的规律。

科学领域有广阔的舞台,科学家可以在这个舞台上扮演"生、旦、净、末"各类角色,"各穷其趣",天、南、海、北,不同学派争奇斗妍,这丝毫不影响和损害科学真理的客观性,反而有利于我们更好地从各种不同的途径去接近科学真理。正像"条条大路通罗马"这句谚语所说的那样,探索科学的真理,完全可根据个人的特长,采取不同的方法,选择不同的途径通向胜利的彼岸。

小资料

桑格

桑格(1918—2013年),英国生物化学家,因确定胰岛素的分子结构而获得1958年诺贝尔化学奖。1980年他又因设计出一种测定DNA(脱氧核糖核酸)内核苷酸排列顺序的方法获1980年诺贝尔化学奖。

哥本哈根学派

1921 年，在著名量子物理学家玻尔的倡议下，成立了哥本哈根大学理论物理学研究所，由此建立了哥本哈根学派。哥本哈根学派拥有魅力型科学权威，良好的研究场所，把握主流的研究领域，活跃着几位青年科学家，蕴含独特的精神文化。

布鲁塞尔学派

比利时布鲁塞尔自由大学于 1834 年建校，是比利时历史悠久的大学之一。布鲁塞尔学派的创立者是普里高津。20 世纪 60 年代末，普里高津提出了"耗散结构"理论，获得了 1977 年度诺贝尔化学奖。由于普里高津对科学作出了伟大的贡献，来自中国、德国、法国、英国、美国、日本、希腊、罗马尼亚和伊朗等十几个国家的近百名学者都集中到他的身边，形成了国际著名的布鲁塞尔学派。

拓展思考题

1. 科学研究也讲究个性、风格，处在学习阶段的我们，如何从现在起就注意培养和形成自己的学习、读书的特点和风格？
2. 我们现在提倡创新，那么创新与个性、风格有什么内在的联系和因果关系？

毕生追求数学美

> 数学，在门外看，似乎很枯燥，但进去了，就觉得并不枯燥。数学是很美的，很有艺术性。数学追求优雅、和谐，还会出人意料，给人一种惊奇的"美"。数学要能表现自然的和谐性、规律性，并有预见性，这本身就充满了吸引力，促使数学家全身心地投入。

谷超豪教授是一位在国内外享有很高知名度的数学家，他被国际同行称誉为具有"独特、高雅、深入、多变的工作风格"，是一位"向难题进攻并解决难题的偏微分方程专家"。在复旦大学的师生特为教授举行执教50年的庆贺会上，笔者有幸采访了谷教授。

笔者：今天，您的同事、学生，对您50年来在数学研究及教学方面取得的成就，都有很高的评价。回顾这半个世纪的经历，您最深的体会是什么？

谷超豪：可以归纳为8个字：坚持方向，全力投入。首先要坚持为祖国、为人民服务的方向。长

谷超豪教授

期以来，我养成了努力学习、工作的习惯。凡国家需要我做的事，我总努力去做，并以高标准来要求自己。当然，既有做成的事，也有许多未能做到的事。我觉得，人生贵在坚持。全力投入，是会有成绩的。

笔者：许多人都觉得，数学是一门既深奥又枯燥的学问。您在这枯燥的数学世界中坚持探索了50年，最大的感受是什么？

谷超豪：数学，在门外看，似乎很枯燥，但进去了，就觉得并不枯燥。数学是很美的，很有艺术性。数学追求优雅、和谐，还会出人意料，给人一种惊奇的"美"。数学要能表现自然的和谐性、规律性，并有预见性，这本身就充满了吸引力，促使数学家全身心地投入。其实，做任何学问，都要有兴趣和爱好。

笔者：几十年来，复旦大学数学系形成了从苏步青教授到您，再到李大潜教授，

苏步青教授

以及现在更年轻的一代组成的"梯队结构",并在国内外有广泛影响。是否可以说,复旦大学已形成了自己在数学上的学派?它具有什么特点?

谷超豪:苏步青教授过去在浙江大学已创立了一个微分几何学派,现在又有很大发展。复旦大学数学研究所和数学系是一个很好的研究集体,学科门类较齐全,有多位学科带头人。这个集体具有几个特点:首先,有一种努力追求的精神,追求国际前沿,追求一流的水平;其次,总是希望把基础数学同应用数学结合起来;再次,注重年轻人的培养,重要的工作,放手让年轻人去做。当然,这需要带头人以身作则,自己努力奋斗。对年轻人一方面严格要求,一方面大胆放手。所以,尽管几十年来,我们受到过不少冲击,但我们有很强的生命力,使年轻人一代又一代地成长。不过,现在我们也有困难,年轻人中愿意学数学的,比以前少了。

笔者:今天的会上,我看到来了许多年轻人,刚才还有一群女学生上台来要和您一起留影。看来,喜爱数学的青年还大有人在,包括这些天真活泼的女孩子。

谷超豪:学好了数学,能够比较广泛地从事其他领域的工作,无论是基础科学、工程技术,还是经济管理,都需要数学。现在,金融、保险等行业很热门,这些也很需要数学。提高国民的科学素质,其中很重要的是要提高数学素质。我希望数学的爱好者会增多。

笔者:从20世纪70年代起,您和杨振宁的合作曾引起广泛的关注。杨振宁教授曾将您的研究比喻为"站在高山上往下看,看到了全局"。您自己对这一段工作如何评价?

谷超豪:其实,这并不是我的全部研究工作的代表。合作开始时,"文革"尚未结束,我们对世界上20世纪60年代中期以来数学方面的新进展几乎是完全不了解的。因此准备不够,仓促上阵。当然,也尽可能地做出了一些有意义的新成果。尤其杨振宁先生和其他合作者起了重要作用。

笔者:刚才有人在发言时说:仅1992~1995年,您就发表了14篇论文。我还注意到他说,若合作发表,您只有自己做了实质性的工作,才会在论文上署名。您为什么70岁高龄还能保持这样旺盛的工作活力?

谷超豪：确实，这14篇论文，有8篇是我单独完成的。其他论文我也做了实质性工作。这第一要归功于年轻时打下的基础。第二是我养成了连续工作的习惯。即便当校长，得把主要精力用于学校的建设和行政管理时，我也没有停下研究工作。时间少，就尽量挤，把休息时间压到最少。好在我这个人"开关"比较灵，做这件事了，就会不想那件事。不过，这还必须要牺牲个人的爱好、享受。

笔者：顺便插问一句，您的爱好是什么？

谷超豪：爬山，欣赏大自然的美，看体育比赛，还有中国古典文学。我继续不断地吸收新东西。我没有把自己当老人，希望年轻人还能继续把我当成年轻人看待。你们《文汇报》昨天说我是"古稀之年"，其实，现在70岁已不稀罕，还算是年轻的，像苏老已94岁了。"人生七十古来稀"，是古代稀，今不稀。

笔者：刚才您致词时，特地提到您的一位"特别的合作者"——夫人胡和生教授。能否具体介绍一下您俩是怎样相互合作的？

谷超豪：20世纪70年代前，我们各自单独发表论文。和杨振宁的合作研究开展后，我们开始共同发表一些论文。我这个人尽管做事还算细心，但在数学作风上，显得有些粗犷，胡和生比我细致。有时，我提出一些想法，两人一起讨论，她做了很多计算工作。在共同的讨论中，又产生了新的想法。她是一个很有想法的人。同时，她对我的要求很严，总希望我能做出特别好的研究工作。有时候，我做的工作，先向她介绍，往往在介绍过程中，我自己，或她，就发现了漏洞，促使我再去研究。她是一个能够欣赏我的成果的人；同样，我也是一个能够欣赏她的成果的人。

年轻时代的谷超豪、胡和生夫妇

笔者：这或许是一种对数学美的共同理解和领悟吧？

谷超豪：确实如此。但往往只能意会，无法言传。

第四章 从科学美到技术美

简单、和谐、对称

科学家的天才,表现在他们善于从纷繁复杂的世界现象中整理出内在的秩序,找到其内在的逻辑联系,而秩序、逻辑,都具有简洁的特性。所以,越是伟大的真理,往往越显得精练,而又具有极大的概括范围。正如古希腊的一句著名格言所说的:"高贵的单纯,静穆的伟大。"

贝多芬

中国古代文人作文赋诗,十分讲究文字的简洁美。"信言不美,美言不信"(《老子·道德经》)。所以,无论是诗歌还是散文,都能以一些极简洁的语言表达出丰富的内容和深邃的意境。他们认为"文贵简。凡文笔老则简,意真则简,辞切则简,理当则简,味淡则简,气蕴则简,品贵则简,神远而含藏不尽则简,故简为文章尽境。"(刘大櫆《论文偶记》)。所以,简洁是一条很重要的美学标准。例如,在西方古典音乐中,贝多芬、舒伯特和柴可夫斯基的交响曲,一些最扣人心弦的主题都是由一些简洁旋律构成的。贝多芬第三交响曲第一乐章第一主题的旋律就极为简洁,但它所造出的意境和气氛却具有犹如落日旷野、风啸马鸣般悲壮沉郁的风格。中国国画也十分讲究简洁,无论是花草虫鸟,还是山水林木,往往寥寥几笔,疏笔淡描,便能体现其风骨神韵、意境深远。

简洁的美,在科学领域中也是一条很重要的美学标准。我们解数学和物理题,每一步都要把方程化简,只有达到最简形式时,这一方程才能应用到实际中去,而方程也具有了简洁美的特征。事实上,物理学、数学上许多定律和定理都具有十分

量子物理学之美　　　　　　　　　　　大气物理学之美

简洁的表现形式。如开普勒的行星运动定律，就能使人感到繁星浩瀚的宇宙一下变得清晰了起来，从而产生一种简洁的快感。这就是简洁性带来的美感。

科学史上许多卓越人物都把以尽量简洁明了的手段，概括和说明极其复杂的实际现象，作为自己的任务。哥白尼的日心说取代了地心说，在近代自然科学发展中成为划时代的理论，很重要的一条合理性就在于它比以往借助于许多个均论、本论的天文学理论来得简单；牛顿用他的力学运动三定律和万有引力定律概括了开普勒、伽利略的成果，把地上和天上的力学运动现象全部包括在自己的力学体系之内，自然比开普勒和伽利略的理论更为深刻和简单。爱因斯坦则在更高的层次上，把牛顿力学作为一种宏观低速状态下的特例包括在他的相对论之中。事实上，科学的发展，就是一个不断地从更高或更深的层次上反映出物质世界运动的规律，因而具有更高概括力的过程。正如爱因斯坦所说的："从尽可能少的假设或公理出发，通过逻辑的演绎，概括尽可能多的经验事实。"

科学家、艺术家和哲学家的天才就表现在他们善于从大千世界纷繁复杂的现象中整理出内在的秩序，找到其内在的逻辑联系，而秩序、逻辑都具有简洁的特性。所以，越是伟大的真理，往往越显得精练，而又具有极大的概括范围。正如古希腊的一句著名格言所说的："高贵的单纯，静穆的伟大。"这正是简洁美的境界。

简洁又往往同和谐联系在一起。在古代人们的心目中，和谐是最重要的美学观念。古希腊的赫拉克利特就认为美在于和谐，他说："不同的音调造成最

赫拉克利特认为美在于和谐

美的和谐。看不见的和谐比看得见的和谐更好。"这就深刻地说明了,除了我们平时所能看到、听见的许多和谐现象外,还应重视看不见的和谐——理论所体现的和谐美。

哥白尼在创立日心说时,他心中最重要的问题是:"行星应该有怎样的运动,才会产生最简单而最和谐的天体几何学。"在哥白尼的理论体系中,人们可以看到一种"有秩序的安排","宇宙里有一种奇妙的对称,轨道的大小与运动都有一定的和谐关系"。开普勒进一步用椭圆形曲线纠正了哥白尼的正圆形轨道,但他同样坚持了和谐的美学原则。他提出的行星运动第三定律的著作就叫做《宇宙的和谐》。

和谐美

海森堡曾说过:"美,是部分与部分之间,部分与整体之间固有的协调。"我们在设计一架飞机,制造一辆汽车,建造一幢大楼时,都可以看到这种和谐美的作用。所以,高超的建筑设计被称为"凝固的音乐",优美的造型给人以艺术的享受。在科学理论中,当科学家创造的思想、理论,体现出某种和谐美时,常使他们本人或别人感到狂喜和惊奇。我们在门捷列夫元素周期表中,在夸克模型和许多其他科学理论中,都会感到这种和谐美带来的"诗意"。

与简洁、和谐的观念紧密相联的是对称。对称能给人以一种圆满的、匀称的美感。在数学中,方程与图形的对称处处可见,这是数学美的重要标志。中心对称、轴对称、镜像对称都是使人愉悦的形式。笛卡尔的解析几何就是在数学方程式与几何图像之间建立了一种对称。狄拉克预言的正电子,与通常所说的带负电荷的电子是对称的。许多物理、化学、生物结构模型也是对称的,如凯库勒的苯环结构式,沃森、克里克发现的DNA双螺旋结构都显示了一种对称的科学美。

当然,自然规律是十分复杂的,简洁、和谐和对称,只能反映科学理论美的某些方面,还远远不能包含全部的内容,更不能简单地以此作为衡量科学理论正确与否的标准。但是,它们是从一个侧面衡量科学美的尺度。了解这方面的知识,对于激发我们的科学兴趣是相当有益的。

小资料

贝多芬第三交响曲

作于1804年,又名《英雄》交响曲。作品贯穿着严肃和欢乐的情绪,始终保持着深沉、真挚的感情,呈现出强烈的浪漫主义气氛。贝多芬本人曾声称他最喜欢的交响乐就是这部第三交响曲。此交响曲时常被例举为浪漫乐派的创始作品,也是古典主义的先驱作品。

赫拉克利特

赫拉克利特(公元前530年—前470年)是一位富传奇色彩的哲学家,是爱菲斯学派的代表人物。赫拉克利特有句名言:"人不能同时走进一条河流。"意思是这次踏进河,水流走了,你下次踏进河时,又流来的是新水。河水川流不息,所以你不能踏进同一条河流。

拓展思考题

1. 科学美具有简洁、和谐、对称等特点,你能否从已学到的自然科学知识中,找一下具有简洁美、和谐美和对称美的公式、定津?

2. 你能否利用美的规津来对物理、化学、数学等学科知识加以理解和掌握?

科学的直觉和灵感

科学灵感，和艺术灵感一样，都是长期辛勤劳动的结晶。作曲家柴可夫斯基形象地说："灵感是这样一位客人，他不爱拜访懒惰者。""灵感全然不是漂亮地挥着手，而是如健牛般竭尽全力工作时的心理状态。"法国微生物学家巴斯德也讲过同样意思的话："机遇只偏爱那种有准备的头脑。"可见，灵感并不是虚无缥缈、不可捉摸的东西，而是经过长期辛勤劳动，才能水到渠成、油然而生。

艺术的"灵感"一直处于被绘声绘色描述的神秘状态。郭沫若早期新诗创作时，诗情常澎湃而出。一天，他在图书馆看书，突然受到诗兴的"袭击"，便奔出馆外，赤着脚在地上踱来踱去，又突然倒在路上，想真切地和"地球母亲"拥抱，在一种似癫似狂的状态中感受着诗情的震荡、鼓舞，然后急忙回到寓所写在纸上，完成了《地球，我的母亲！》这一名篇。俄国作家屠格涅夫，有一次为写晨景而冥思苦想，忽然好像受到一个声音的推动："早晨的朴素的……"他几乎跳了起来，叫着："就是它！就是它，真正的美句啊！"

其实，灵感是艺术家进入创作高潮时，注意力极其集中，思维高度灵活，并受到周围环境激发而产生的一种特殊的心理状态。这种心理状态在科学创造过程中也同样存在。

物理学家费米在回忆他是怎样发现量子力学中著名的"费米统计法"（又称"费米—狄拉克统计法"）时说：一天，他和另外一位物理学家一起舒坦地躺在寂静的草地上，手里握着一根系有套索的玻璃棒，准备捕捉壁虎，同时，他听凭思想自由地漫游。蓦地，从心灵深处出现了他长久以来一直在寻找的一个答案：一种气体中没有两个原子能够恰好用同样的速度运动。经过研究、验证，终于导致了"费米

屠格涅夫

统计法"的产生：在理想单原子气体中，原子所可能有的每一种量子状态，只可能有一个原子。

生物科学家梅契尼科夫曾这样叙述自己提出细胞吞噬作用的设想："一天，全家都去看马戏团几只大猩猩的特技表演，我独自留下在显微镜下观察一条透明的鱼体中游走细胞的寿命。忽然，一个新念头闪过脑际。我突然想到，这一类细胞能起到保护有机体不受侵袭的作用。我感受到这一点意义十分重大，非常兴奋，在房中踱来踱去，甚至走到海边去整理思想。"

生物科学家梅契尼科夫

彭加勒讲道，在进行了一段时间紧张的数学研究以后，他到乡下去旅行，不再去想工作了。"我的脚刚刚踏上刹车板，突然想到一种设想……我用来定义富克斯函数的变换方法同非欧几何的变换方法是完全一样的。"又一次，在想不出一个问题时，他走

彭加勒

到海边，然后，"想些完全不相干的事情。一天，在山岩上散步的时候，我突然想到，而且想得又是那样简洁、突然和直截了当，即不定三元二次型的算术变换和非欧几何的变换方法完全一样。"

数学家高斯谈到他解决一个求证数年的问题时说："终于在两天以前我成功了……像闪电一样，谜一下解开了。我自己也说不清楚是什么导线把我原先的知识和使我成功的东西联接了起来。"

这种突如其来的科学灵感，和艺术灵感一样，都是长期辛勤劳动的结晶。作曲家柴可夫斯基形象地说："灵感是这样一位客人，他不爱拜访懒惰者。""灵

数学家高斯

感全然不是漂亮地挥着手，而是如健牛般竭尽全力工作时的心理状态。"法国微生物学家巴斯德也讲过同样意思的话："机遇只偏爱那种有准备的头脑。"可见，灵感并不是虚无缥缈、不可捉摸的东西，而是经过长期辛勤劳动，"水到渠成"，才油然而生的。德国诗人海涅说过："人们在那儿高谈阔论着灵感和天启之类的东西，而我却像首饰匠打金锁链一样地精心劳动着，把一个个小环非常合适地联结来。"

德国诗人海涅

灵感在艺术和科学创造的领域都具有重要的地位。爱因斯坦明确宣称："我相信直觉和灵感。"物理学家玻恩也赞同："实验物理学的全部伟大发现都来于一些人的直觉。"那么，作为科学创造力的灵感和直觉，具有什么特点呢？

这是一种非逻辑推理的思维方式。自从弗兰西斯·培根提出归纳法以来，逻辑推理和归纳演绎一直在科学研究中起着重要作用。然而，对于一些全新思想的产生，逻辑思维方式不一定能起到作用。就像艺术创作中一些闪光的思想、语言，必须冲破逻辑形式的束缚一样，科学创造有时也需要从逻辑形式中解放出来。非欧几何的发明，就是原来想用"归谬法"证明平行公理，先假定平行线是相交的，硬朝着违反判断性思维常规的"荒谬"的思路推导下去，结果却得到了一个全新的几何系统。相对论、量子论等科学理论的产生，也都采取了这种"理智从特殊事例一下跳到或飞到遥远的公理和几乎是最高的普遍原则上去"的方式。

科学史上，尤其是现代科学的许多基本概念、定律、理论，有许多是无法从日常经验中一步步归纳出来的，例如光速不变、空间弯曲、黑洞和白洞、引力透镜、夸克幽禁，等等，分析其形成的过程，离不开一个跳跃性的直觉的想象、幻想、猜测阶段。这时思想可以跳跃得很远，完全脱离了日常的经验和常规的逻辑思维，在更为广泛的空间展开。突然，思维在茫茫的荒漠中朦胧地看到了绿色的彼岸，此时，如果思维者是一个具有丰富经验和渊博知识的"航海者"，就能敏锐地判断出自己发现了一块"新大陆"，于是循着新方向继续航行下去，很可能就能真的成为"幸运的发现者"。因此诺贝尔奖获得者温伯格在谈到科学的直觉时曾说："这其实是由你的经验在一个说不出的、非逻辑性的、潜意识的层次里活动。"

灵感作为一种意识的朦胧活动，即温伯格所讲的潜意识，或有人所称谓的无

诺贝尔奖获得者温伯格

意识、下意识,实际上,仍然是一种意识状态,只是从常规的、清晰的意识活动中游离出来,似乎飘飘忽忽、若隐若现,为知觉所不可控制。譬如,一个音乐家可以一边同旁边的人交谈,一边用乐器即兴创作。只要做错一个动作、搞错一个音符,和谐就会被破坏,但是这不会发生,尽管这个演奏者不知道下一时刻他在弹奏什么。在演奏完一个短曲以后,他可能已不能记下这曲子的乐谱。又如,乒乓球运动员在比赛时,每当球向他飞来时,他整个身体会自动地做出反应,如果他还要想一想,那么他可能已经失去了这个球。在某种程度上,科学家的思维活动也与此相似,创造能够在意识完全朦胧的情况下进行。凯库勒在朦胧中梦见飞动的原子变成咬自己尾巴的蛇,受此启发想出了苯的环形结构,便是著名的例子。康德甚至这样说:"理性主要是在朦胧中起作用的,无意识是思想的助产士。"这话的前半句虽有一些偏颇,但后半句倒是很有道理的。

有人还认为,直觉和灵感的产生,是思维过程渐进性的中断而引起的突然飞跃。因而许多出色的灵感,都是科学家经过一段时间的紧张思索以后,暂时松懈一下头脑,在散步、游泳、划船、游戏,甚至洗澡时,突然闪现于脑际的。这时科学家的思维活动时断时续,或"藕断丝连",中断的是常规的逻辑推理、归纳演绎方式,而对于研究对象的思考,仍萦回于心胸,"思致微妙,其寄托在可言不可言之间",似乎处于"泯端倪而离形象,绝认论而穷思维,引人于冥漠恍惚之境"。突然,借助于某一事物或思想的触发,思绪豁然开朗,茅塞顿开,出现了"柳暗花明又一村"的情景。苏联物理学家米格达尔在探求核子碰撞时电子飞出原子的解释时,一直在思索着求出一个电子的飞出几率的公式。后来,在朦胧的睡梦中,他似乎看到一个马戏团的骑手在骑马绕圈快跑,然后骑手停了下来,把手中的花束抛向观众席。这一画面突然启发了他:应采用一个坐标系统,能使碰撞后的原子核变成静止状态,这样就比较容易描述出电子飞出的状态,得出几率公式。这位物理学家认为,这是一种下意识的联想,所想的两件事几乎完全没有联系,意识活动也处于无控制的自由驰骋状态,然而却能产生出原来完全没有预料到的闪光思想。

当然，在这种无意识的联想中，可以产生许多想法，而其中大部分没有价值，必须抛弃。闪光的金子总是混杂在众多的泥沙之中的。创造思维的重要方面，就是沙里"淘金"，在许多混杂的想法中选择真正有价值的思想。而支配这种选择的标准之一，就是科学的审美经验。因为芜杂的思想不能引起我们的科学美感，只有和谐的、合理的，因而也是美的想法，才能像闪光的金沙一样立即被有识别力的人所注意。所以不少科学家认为"科学的美感是一种特殊的'筛子'，没有它的人，永远成不了真正的发明家。"

小资料

恩利克·费米

恩利克·费米（1901—1954年），美国物理学家。费米是20世纪最伟大的科学家，在其生涯中写了250多篇科学论文。为纪念费米对核物理学的贡献，美国原子能委员会建立了"费米奖"，以表彰为和平利用核能作出贡献的各国科学家。

高斯

高斯，德国著名数学家、物理学家、天文学家、大地测量学家。和阿基米德、欧拉同享盛誉，是近代数学奠基者之一。

温伯格

1979年因弱电统一理论与格拉肖和萨拉姆分享当年诺贝尔物理学奖。他是美国科学院院士、文学和科学院院士，英国皇家学会外籍会员，国家天文学会会员，美国哲学和科学史学会会员，美国中世纪学会会员。他的《广义相对论与引力论》、《最初三分钟》、《终极理论之梦》等书曾风行世界。

拓展思考题

1. 你如何理解直觉和灵感对于科学研究的重要作用？
2. 我们如何在日常生活中培养自己的直觉能力？

创造是美的产物

> 无论是艺术创造,还是科学创造,都是对旧的规范、模式的挑战,都要追求新意,获得新的突破。创,就是首创、新创,发明或制出前所未有的东西。因而,创造注注体现了人们对美的追求;因为美的东西,注注也是新的、前所未有的东西。有人就认为:任何创造行为,本质上都属于美,为了获得创造的才能,就必须培养自己的美感。从一定意义上说,创造就是美的产物。

创造是人类具有的特殊禀赋,是一种在大脑意识指导下的智慧劳动。动物没有类似人脑的意识活动,因而不具有创造的才能,只是重复地进行本能的模仿活动。如蜜蜂虽能构筑精巧的蜂窝,但没有创新没有发展,始终一个模式。而人类从昔日的构木为巢,"茅茨不剪,采椽不斫"(韩非《五蠹》),到今日的高楼大厦,建筑类型已发生了巨大的变化!依靠着这种无与伦比的创造才能,人类才改造了地球,建设起灿烂的物质文明、精神文明。所以,探索人类创造活动具有重要的意义。就像"创造"这个字眼本身一样,也具有诱人的魅力。

有人曾把创造看作是幸运女神报以的微笑,从而描述了一幅美妙动人的图景:风和日丽的秋日,恬静的田园,金色的苹果树,学者忽而昂首苍天穹宇,忽而低头凝神沉思。偶尔,一只苹果落到了身边,于是就像一粒彩石抛进了浩淼的湖面,激起了学者脑海层层思维的涟漪,最后绽开了创造发明的花朵。

有人却把创造视为苦行僧式的林下顿悟,须不食人间烟火,忍受着肉体的痛苦和磨难,旦旦以致之,日夜冥思苦索。终于,深邃的冥索迎来了晨曦的亮光,清晰的图像浮现在虔诚的心底。于是,一双布满青筋的手,摘下了"王冠上的明珠"。

诗人普希金

著名诗人普希金曾写过这样三行著名的诗：

经验，劳动错误的成果，

天才，悖论的朋友，

机遇，发明家的上帝。

然而，发明和创造活动，果真这样不近乎人之常情，像上帝掷骰子似的神秘莫测吗？显然并不如此。创造是人人都能具有的才能，创造活动是有规律的。近些年来，对创造理论和创造方法的研究，已十分活跃，召开了一次次创造学讨论会，涌现出一批创造学研究者。纵观各种创造法之说，我们都能发现，创造与美学有着密切的关联。

无论是艺术创造，还是科学创造，都是对旧的规范、模式的挑战，都要追求新意，获得新的突破。创，就是首创、新创，发明或制出前所未有的东西。因而，创造也往往是人们对某一种美的追求，因为美的东西，往往也是新的、前所未有的东西。有人就认为：任何创造行为本质上都属于美，为了获得创造的才能，就必须培养自己的美感，从一定意义上说，创造就是美的产物。

人们一般容易认为，艺术的创造和美学才有不解之缘。在艺术作品里，艺术家的审美观体现得十分强烈，一部优秀的艺术作品，能给人以美的享受。而在科学领域，科学家必须受理性的逻辑和事实范畴的限制。那么，美的因素是怎样成为科学创造的"角色"呢？

首先，美是促使科学家进行探索的重要心理因素。法国数学家彭加勒曾这样说过："科学家研究自然，是为了从中得到乐趣，而他得到乐趣是因为它美。如果自然不美了，它就不值得去了解，生命也就没有存在的价值。"当然，彭加勒把美看作是科学研究的唯一目标，未免失之偏颇。然而，引导科学家从事探索的动力，确实有美学冲动的因素在内，这在许多科学人物的自述中都曾反复提到。

爱因斯坦在谈到探索的动机时说："把人们引向艺术和科学的最强烈的动机之一，是要逃避日常生活中令人厌恶的粗俗和使人绝望的沉闷，是要摆脱人们自己反复无常的欲望的桎梏……这种愿望好比城市里的人渴望逃避喧嚣拥挤的环境，而到高山上去享受幽静的生活，在那里，透过清寂而纯洁的空气，可以自由地眺望，陶醉于那似乎是为永恒而设计的宁静景色。"或许，这里颇有一种追求"世外桃源"的韵味，但爱因斯坦接着就表述了其中的积极因素："人们总想以最适当的方式来画出一幅简化和易领悟的世界图像。"

当一个人对大自然的美有着深刻的感受和溯源究底的好奇心理时，创造的动力便显得十分强烈。创造往往出于好奇心。有人曾研究过，为什么儿童都拥有某种程度的创造性？他让一群10岁以下的儿童各画一张随意设想的画，发现每人都能表现出明显的独创风格。原来,对于儿童来说,周围的世界都是十分新鲜的:茵茵绿草、摇曳的树枝、悠闲自得的动物、严肃沉默的白雪、运行不息的太阳……他们怀着强烈的好奇心,面对着这些大人已司空见惯而熟视无睹的自然万物,提出了一个又一个的"为什么"?其中虽有不少幼稚之处,但也往往有许多使成人瞠目结舌的发问和不随成人之俗的创见。随着儿童时代的消逝,这种可贵的好奇心往往会衰退,而这对于激发创造的热情是不利的。因此,这位研究者认为,发明家要像儿童一样,具有无所不包的兴趣,无休无止的好奇心,对新的可能性的不断探索和拒绝接受陈旧的答案。总之,最好要保持"童心",这是重新激起创造才能的好方法。

爱因斯坦即使到了晚年,还是用深邃的目光注视周围的世界,在创造性活动中似乎像一个孩子,始终保持着他在5岁时看到指南针时所产生的那种好奇心理。一位学者曾回忆说:"这个当代最伟大的天才,同时却又像孩子般天真。"

对美的追求,不仅能激发创造的动力,而且在创造的过程中,也有着重要的指导作用。当人们要创造或发明一种新的东西时,首先要看出旧东西的毛病,即不美之处。所以现在有一种创造方法叫"缺点列举法",譬如你要发明一种新的自行车,就先把现在自行车的缺点都列举出来,如链条传动效率低,人坐着踏受空气的阻力大,等等,于是针对这些缺点,提出了改变传动装置,将坐式改为半卧式等新的车型设计,使未来的自行车比现在更完美。

牛顿力学创立后,在科学技术的各个领域得到广泛应用,取得了巨大的成功。到19世纪后期,牛顿力学已成为各门学科的理论基础,大至日月星辰,小至原子分子,似乎无不被牛顿理论所包罗。古典物理学的辉煌成就,使科学家们认为,物理学的大厦已经"尽善尽美"地建成,只是上空还飘着"两朵乌云",即只有迈克耳孙—莫雷的以太漂移实验及黑体辐射实验和经典物理学尚不相符。然而,科学家却从这"两朵乌云"中看出了牛顿体系的局限性,结果,这"两朵乌云"导致产生了20世纪初物理学上的两大成就:爱因斯坦的相对论和普朗克的量子力学。在牛顿力学的基础上,又建造起一座更宏伟的物理学大厦。

提出"两朵乌云"说的汤姆生

仿生学：模仿象鼻子的机械手

在科学研究中，往往要在所得材料基础上作一些推测性的解释或猜想，这就是假说。恩格斯曾说过："只要自然科学在思维着，它的发展形式就是假说。"科学史上许多伟大的学说，开始都是作为假说提出来的，如哥白尼的日心说、牛顿的万有引力定律、爱因斯坦的相对论，等等。科学的假说必须能够综合地解释已有的事实，预言未来的事件，并能得到实验的证实。那么，假说怎样才能符合上述要求呢？

从美学的角度来看，科学的、合理的假说，也往往是美的。

著名物理学家海森堡曾说："如果自然给人们显示了一个非常简单和美丽的数学形式——说到形式，我是指假说、合理等的统一体系——显示了任何人都不曾遇到过的形式，那么我不得不相信它是真的，它揭示了自然界的奥秘。"

关于在创造过程中的许多其他方法，例如人们常提到的"经验转移法"、"原型启发法"、"智力激励法"、"特性列举法"等，也都包含着美学的道理。当薛定锷面对着冰川夕照、自然沧桑，思索着生命究竟是什么时，在他的脑海中不就发生着类似"移情"作用的过程吗？在现代科学技术的发展中，"仿生学"起到了重要的作用，故有"生物原型——新技术的钥匙"之说。这些生物原型都显示出绝妙的自然美，因而具有美的敏感性往往有助于从自然界中得到发明的启示。又如，美学中的"审美理想"是艺术创作的重要方法。用到科学创造中，不是有"理想实验"吗？在技术发明中，把发明对象的特性一一列出，然后探讨能否改革，找出怎样改革的途径，这种创造技法，也可以看作是一种先把发明对象理想化，然后把理想与现实综合起来的美学方法。

第四章　从科学美到技术美

　　创造是美的产物，美学素养对于工程技术和理论科学工作者来说，也具有重要的作用。

小资料

仿生学

　　仿生学是指人类模仿生物，来发明创造的科学。它是20世纪60年代出现的一门新型边缘学科。研究对象是生物体的结构、功能和工作原理，并将这些原理移植于人造工程技术之中，用以发明、创造新技术。该学科的问世，为人类开辟了独特的制造技术发展道路——向生物界索取灵感的道路，大大开阔了人类的技术眼界，显示了巨大的发展潜力，是人类智慧的结晶。

按照美的规律生产

一个具有强烈个性的人身上集合了人文和科学的天赋后所能产生的那种创造力，是在21世纪建立创新型经济的关键因素。

21世纪创造价值的最佳途径，就是将艺术创造与科技结合起来。

设计是我们的成功之道。

——《史蒂夫·乔布斯传》

一座崭新的斜拉桥，似一条彩虹飞架江河之上，又如巨大的竖琴，映衬着蓝天、白云和流水，令人不禁赞叹不绝：这真是技术和艺术的结晶。纵观各种现代技术，从高速公路弯曲滑道的优美曲线、航天飞机新颖奇特的机型，到各种日常工业用品的造型设计，都包含着美的因素。

对美的追求，在技术的发展中有着

旧金山金门大桥

伦敦塔桥

重要的作用。当原始人类制造出最早的石器工具后，就在不断改进工具的同时，将工具加工得美观、精致。根据考古学的发现，在旧石器时代晚期，人类的祖先就已能制作各种高质量的优美石器、骨器；有些精细加工过的石片薄得近乎像钢刀片，骨器上已饰以浮雕和刻线。随着生产力的发展，出现商品交换以后，用于交换的商品，就不仅具有使用价值，而且具有审美价值。影响商品审美价值的因素包括质量、材质及造型、色彩等方面，而这些因素又同产品的设计、制造技术密切有关。因此，如何提高产品的审美性，日益成为生产技术发展中的重要内容。

我们如果剖析一下工业产品的技术发展过程就会发现，在它们的性能、结构、造型等方面的变化过程中，对审美性的追求也是一种必不可少的动力因素。汽车从发明时的轿式车身，到现在的流线型，不仅更美观了，而且减少了空气阻力，符合力学原理。钢笔从粗杆到细杆，不仅显得俊秀雅致，而且使得手握书写时更舒服，符合人体工效学的要求。其他如飞机、轮船、自行车等众多的工业产品，都显示出人类是"按照美的规律来造就产品"的。

然而，人们容易认为，机器批量生产的产品，不能像手工艺产品那样富有美的感染力。确实，手工产品的精雕细镂具有工艺美术的特点，这是大工业批量产品难以做到的。但是，工业产品的美不同于工艺品的美，它更多的借助于科学的工业设计、现代化的加工工艺和各种新材料的运用，从而同样可以生产出精致美观的产品。

我们在市场上看到的各种造型美观的现代化工业品如电视机、电冰箱、洗衣机等，都是成批生产的产品，但仍不失美的魅力，不少家庭还把它们兼作为室内的装饰品。可见，产品的审美价值，主要并不决定于生产的方式。手工制造的产品也可能是粗俗难看的；而大工业生产方式具有许多手工生产无法相比的优越之处，只要充分发挥技术美学、设计美学、工业美学的作用，一定能改变某些工业产品单调、呆板的状况。

工业产品的设计美之一

工业产品的设计美之二

因此，我们应该大力提倡对技术美学、设计美学的研究。目前我们许多产品在国际市场上竞争力不强，重要原因之一就是审美价值不高。设计制造审美价值高的产品，不仅仅是为了提高产品的市场竞争能力，而且对于人们的精神生活，有着不可忽视的影响作用。人是有思想、有理智的生物，因而人类对物质消费品的要求，不仅仅只出于实用的需要，更有文化的需求。设计美观、富有艺术感染力的商品，将会影响整个社会的审美趣味。社会审美观念的形成，不仅来自绘画、雕塑等艺术品的感染，也依赖于周围日常用品、人们的衣饰物品及整个市场的影响。

列夫·托尔斯泰曾说过："我们习惯于把艺术一词理解为我们在剧院里、音乐会和展览会上所听到和看到的东西，以及建筑、雕像、诗、小说……但是所有这些只不过是我们在生活中用以互相交际的那种艺术的很小一部分。人类的整个生活充满了各种各样的艺术作品——从摇篮曲、笑话、怪相的模仿，到住宅、服装和器皿的装饰，以至于教堂的礼拜式、凯旋的行列。所有这些都是艺术活动。"

技术美学还不仅仅是产品的造型外观设计，它作为一种技术思想，体现在产品原理、结构、材料、加工和造型等各个方面。例如，任何高明的技术，总是力求简单而巧妙的原理。发明的诀窍在于原理的简单性。以简代繁，就能省去许多复杂的部件，为造型设计的创新提供了更多的余地。所以设计师设计的机器应具有最简洁、精确的结构。《史蒂夫·乔布斯传》的作者曾这样描述乔布斯的设计思想："对史蒂夫来说，'少'永远意味着'多'，越简单越好。所以，最好就是能用更少的元素搭建起一个玻璃屋，不但更加简约，而且是站在技术的高度。这是史蒂夫最喜欢做的，无论是对于他的产品还是对于他的零售店。"苹果手机就是以简约的外表和造型，成为风靡全球的时尚产品。又如，怎样使产品的功能与结构达到和谐的统一？从技术史上看，早期的工业产品，往往是功能决定结构，这样产品的部件就显得较多，结构繁复，整体上显得臃肿、杂乱。而现代的许多产品，往往把功能与结构综合起来，有机地统一考虑，或使结构具有多种功能，如组合式家具、多功能家具；或以新的结构形式来更好地体现功能，将结构与功能和谐地统一起来，并增添了造型的美。新型的设计还使生产减少了复杂的工序，降低了成本。

列夫·托尔斯泰

要提高工业产品的审美性，应提倡艺术家和工程师、设计师的结合。美国、英国、德国、日本等国在第二次世界大战后，兴起了专业的工业艺术设计公司，它们承接那些生产耐用消费品企业的艺术设计任务，有许多美术家参加了工业设计部门的工作。近年来，随着创意产业的兴起，工业设计、创意制造成为制造业发展的新趋势。苹果公司就是将科技创意与文化创意结合的成功典范。正如乔布斯所说："21世纪创造价值的最佳途径，就是将艺术创造与科技结合起来。"

乔布斯

小资料

乔布斯

史蒂夫·保罗·乔布斯（1955—2011年），美国著名发明家、企业家、美国苹果公司联合创办人，乔布斯被认为是计算机业界与娱乐业界的标志性人物，他经历了苹果公司几十年的起落与兴衰，先后领导和推出了麦金塔计算机（Macintosh）、iMac、iPod、iPhone等风靡全球的电子产品，深刻地改变了现代通讯、娱乐、生活方式。乔布斯同时也是前Pixar动画公司的董事长及行政总裁。2011年10月5日，因胰腺癌病逝，享年56岁。

拓展思考题

1. 你如何理解创造是美的产物？

2. 你参加过青少年发明竞赛吗？能否从你或同学的发明创造中找到美的规律？

3. 你能否按照技术美的要求，对生活中某一用品的设计提出改进的建议？